活力を呼ぶ

人間界！再建

阿部数利

明窓出版

目次

第一章　闘いに「負け」はない

もし、あなたが、新築のマンションか一戸建て住宅を「大きな借金」をして購入し、この住宅で平穏な生活をしている時に、「ある日突然（購入一年半後）隣りにビルが建ち、日当りの良い部屋が「真っ暗」になってしまうと感じたら、どうするでしょうか。

私の「悪戦苦闘」の闘いは、ここから始まったのです。

この本で記述されている日記部分は、昭和五十五年九月から昭和五十七年八月迄の約二年間に起った出来事に対し、その当時の私自身が感じたままを記述したものですが、私の「ひとりぼっちの闘い」は、この記述以降、現在迄、えんえんと続いているのです……。

◎「知識ある人」は心が狭い

天は、二物を与えない。人は、一般に、「知識が高い人」は「心」（知識の総合力）が狭く、「心ある人」は知識が弱い

〈○月×日〉

今日は、マンション管理組合の二度目の集会である。出席した人のうち「実質被害者」は、私以外では他に二人だけである。あとは、役員の人達ばかりだ。彼らは、誰も動こうとしない。

結局、私が全てやらなきゃならないのか。インテリの人達は、口は出すが、金や身体は出さないから始末が悪い。

〈○月×日〉

K弁護士もU弁護士も、過去の日照権裁判では「財産権の侵害」を認めていないという。そんな馬鹿な話があるか。

参考

憲法二十九条一項……財産権は、これを侵してはならない。

◎ 役所や銀行では大声を出せ

人間とは、つまるところ、全て、強い者には弱く、弱い者には強く対処する生物である

〈○月×日〉

今日もF管理人さん以外、誰も協力しない。自分の財産権を守ろうとしない人が、果たして補償金をもらう権利があるのか。

それにしても、区役所のI係長は、生意気なやつだ。F管理人が私と一緒に役所に来るのが、おかしいと非難し、攻めてきた。そして、「本社」（管理会社）に連絡するような見幕だった。

その上、何で私がI係長から聞いた話を、「全て理解しました。有難うございます」と役所の課長に挨拶して帰らねばならないのだ。多分、アイツは、私が役所のオフィス内でかなりの大声をだしたので、自分の立場を気にしたのだろう。私は、アイツから色々教えてもらわなければならないので、しかたなしにアイツの言うとおりにして帰って来たが、本当にフザケタヤツだ。役人や銀行員と話す時は、相手がフザケタ事を言えば、大声で話すのが一番な

んだ。

〈○月×日〉

D社（建主）との話し合いは、完全に物分れだった。社長のHは、やっぱり雇われ社長だった。「オーナーは関係ない」と生意気なことを言っていたが、この問題はオーナーじゃなければ解決するわけがない。

〈○月×日〉

D社のH社長は何だ。私は「アイツの立場」（雇われ社長）も考えて言ってやったのに。そして、役所のI係長にしても、本当に生意気だ。私が三百万円の自分の損害をHに話したのが、「マンション全体の金額か」と言い放った。アイツらグルじゃないのか。Hからおごってなんかもらえない。彼が払った昨日の食事代は、早速、返金しておこう。

参考

一、　憲法十二条……この憲法が国民に保障する自由及び権利は、国民の不断の努力によって、これを保持しなければならない。

二、憲法12条をわかりやすく言えば、「留守にする時には、ドロボーに入れられないよう錠を掛けて自分の財産を取られないよう守れ」ということや、「隣りにビルが建ち、日当りが悪くなれば財産価値も下がるので、その部分の補償金をもらう為の相手との交渉努力を怠るな」ということです。

◎「個性的人間」は、日本人みんなの敵

PTA、同窓会、同業者組合、町内自治会、マンション管理組合等、日本の全ての民間団体は、所属する会員の福祉向上より、その会の役員の面々の「名誉欲充足」と「行政支配」（お上）の「秩序維持」（官尊民卑の序列維持）に貢献している

〈○月×日〉

所詮、ビル建設計画自体、基本的な設計は動かない。結局のところ、解決は金しかないいんじゃないか。マンション管理組合として同一交渉すること自体に、無理があったのだ。

きれい事じゃダメなんだ。私は、管理組合のことなどかまってはいられない。「工事騒音」(補償金)問題など、みんなガマンすればよいのだ。

問題は、「財産権の補償」のはずだ。私は、土地付一戸建て住宅を売ってここに来たのだ。マンションの部屋の広さも他の入居者の倍だ。大巾な内装変更をして一軒家以上の家にしたのだ。他の人達とは比較にならない大損害なんだ。

よし、闘いの方針を変えていこう。


〈○月×日〉

管理組合の役員の人達は、みんな分っちゃいない。「本当の被害者」(財産権侵害の補償金支払対象者)は、私とKさんとYさんだけじゃないか。

何で、実質被害に関係しない役員の人達が「マンション管理組合全体の問題として」決めなければならないのだ。

まあ、いいや、私は私で行こう。いずれ、KさんとYさんは、私に従いてくるだろう。マンション管理組合の副理事長は、明日辞退しておこう。

◎ 役所は、なぜ大企業に味方するか

「自民党が分裂しない」（旨味が非常に大きい）例外を除けば、仲間同士の競争心は仲間全体の損害問題に勝る

〈○月×日〉

しかし、D社（建主）は、したたかな会社だ。私からの度重なる内容証明郵便の抗議に対し、全て黙殺だ。でも、まあ、よかったのは、工事は、上場会社であるK建設が行うことだ。例え「二部上場会社」でも、上場会社は上場会社だ。出鱈目なことはしまい。

今日、私の得意先のG社長は、いい事を教えてくれた。K建設が、足場を組むのに、こっちの土地を使わねばならいなことである。マンション用地の50分の2は、私のものだ。私の承諾がなければ、ビルは絶対建たない。

〈○月×日〉

実質被害者のKさんとYさんは、とうとう「私と一緒に行動しよう」との勧めにのらなかった。

私の得意先のO社長は、私の家が大きいので、みんな私に嫉妬しているのだと言ったことがあったが、多分、そうだったのかも知れない。

しかし、マンション管理組合のNさんは、「私の後」（副理事長＝実質的執行責任者）を継いだが、若いのによくやっている。彼には私心がない。お袋は、私より人間的に上だと言っているが、本当にそうだ。彼は、本当に、立派な人だ。

〈○月×日〉

しかし、立派なNさんには悪いが、マンション管理組合は、何の交渉をしているのだろう。新宿区役所は、ビル建設の認可をするというじゃないか。Nさんは、よくやっているが、やっぱり、おとなしいだけじゃ駄目だ。

〈○月×日〉

D社（建主）も、K建設（施行業者）も、新宿区役所も、全て私の要求を黙殺し、「マンション管理組合」（実質的被害者ではない）と一定の形式を整えさえすれば、全てが治まると考えているのだ。恥知らずなヤツらだ。

よし、明日は、久しぶりに役所に乗り込もう。

参考

「内容証明」……一般に、相手側と信頼関係がなくなった場合に差出す文書。同一のものを三通作成、一通は相手側に、もう一通は郵便局の控、残り一通は、差出人の控。内容証明は、裁判に訴える前の重要な事務手続である。

◎「黙殺」が敵の常套手段

大企業の社員や役員が「理不尽な行為」をした場合、その会社の株を買って、株主総会での発言を楯にして、正しい交渉に入らせるの

も一つの方法である

〈○月×日〉

新宿区役所の建築部副主幹K氏は、私の書類を見て「阿部さんは、すごい事を書くなぁ」と青くなっていた。明日、念の為、新宿区長宛に、内容証明をぶつけておこう。マンション管理組合と役所の「話し合い了解」など、私には関係ない。こっちはこっちだ。私の目論み通りで進められるはずだ。管理組合など構っちゃいられない。「事務所」（私の経営する税理士事務所）の方がいそがしい。しかし、副主幹のK氏は、役人にしては上の部類だろう。

〈○月×日〉

それにしても、K建設も、フザケタ会社だ。何度もの内容証明に、何も返事してきやしない。全て黙殺だ。何が上場会社だ。得意先のH社長が言うように、やっぱり、二部は二部か。ヨオーシ、K社の株を買って、株主総会で攻めてやろう。

〈○月×日〉

K建設株式の15人の株主名義分割は、今日完全に済んだ。家族・兄弟・従業員の全員名義だ。私の家は、私だけのものじゃない。みんなのものだ。私はみんなから一時預かっているに過ぎないんだ。

とうとう、一才の二男も、K建設の「株主様」になった。株主様は偉いんだ。

〈○月×日〉

D社（建主）は、「財産損害の補償はしないが、迷惑料二〇万円を支払う」との文書をよこした。本当にフザケタ会社だ。私の方の財産損害は、千二百万円だ。その半分の、又半分の三百万円が妥当なところだ。

ソッチが私の気持を考えてくれれば、「その半分の百五十万円でも泣く」と新宿区役所に言っているのだ。私にとって大事なのは、金も当然だが、それより筋道だ。D社も、K建設も私の家を見て、「私の財産被害」を知ろうともしないじゃないか。本当にフザケタやつらだ。

◎「大企業のペテン行為」は、ここにある

人生は、いくら不満を並べ、いくら迷っていたところで何も解決しない。自分の考え方を変え、現状の環境の中をぶつかっていけば、おのずと道は開ける

〈○月×日〉

K建設は、私の留守の時に下ッパの者を家へ何度も偵察によこしたが、とうとう、何の話し合いもしようとしない。

そして、D社（建主）も、新宿区役所も、マンション管理組合も、私一人を抜いて話を決めたようだ。建築足場の問題にしても、途中でマンション用地を使用しない工法に切替えたと全ての被害者をダマシ、結局のところ使用するという。

これは、ペテンだ。ヨオーシ、K建設とトコトン闘おう。

〈○月×日〉

全て用意は、整った。ヨオーシ、明日はK建設へ奇襲攻撃だ。本社に乗り込み、トップか

二番手を捉まえて、解決にもっていこう。

〈○月×日〉

今日のK建設奇襲攻撃は、大成功だった。K建設の社長も大分驚いたに違いない。

しかし、応接室で取締役営業部長と工事第一部長の「二つ名刺」を出したOは、果たして何者なんだろう。明後日、彼は、具体的回答をもって私の家に来ると言う。万才！　解決だ。

〈○月×日〉

Oは、今日来るには来たが私の話を聞くだけだ。何の具体的回答も示さないのは、先日の奇襲攻撃の日と全く同じじゃないか。果たして、彼には権限があるのか、ないのか。

〈○月×日〉

Oは、このあいだは自宅の方に来て、今日は事務所の方に来た。

でも、今日のOの話は本当だろう。K建設の創業者会長も私の問題を心配して「場合によっては、ビル工事を取り止める方針だ」と言っているという。この話は間違いないはずだ。

D社（建主）のオーナーにしても、結局、私の百五十万円の要求を、完全に呑まざるを得まい。ビルの総工事費は、一億五千万か二億か。そして、土地代金は、一億二千万円だ。私が要求する百五十万円は、せいぜい総費用の〇・五％だ。

D社のオーナーや、K建設の創業者会長は、馬鹿じゃないはずだ。金利計算をすれば安いものだ。十八日までには、今度こそ解決だ。

〈〇月×日〉

今日のOの電話はチョットおかしい。今までの私とOとの交渉・話し合いは、全てK建設側の私に対する「心理作戦」だったのかも知れない。そういえば、Oが自宅と事務所の両方に来たのも、私の「状況確認」と「時間稼ぎ」だったのじゃないのか。

その証拠に、K建設は、とうとうこの交渉期間中に、建築足場の全てを設置してしまった。私が、この建築足場を勝手に取り壊せば、器物破損罪だ。いくらなんでも、私は刑務所には入れない。

まあ、Oから明後日電話が来るから、それで一応決着するだろう。結局のところ、待つ以外にない。それにしても、今日の一日は、Oの電話心理作戦に振り廻され、全く仕事に手が付かなかった。本当にK建設のヤツにはマイッタものだ。

でも、得意先の社長さん達は、みんな有難いもんだ。私の話をよく聞いてくれる。同業者の税理士さん達や、同級生のサラリーマンの人達とは、大分違うようだ。これは、インテリと苦労人の違いなんだろうか。

◎〝危ない橋〟は、部下に渡らせられない

現在、私を始めとする地球上の全ての人々は「無知病」と「強欲病」におかされているが、その原因は次の二点である

(一)　自惚れ

(二)　常時「捨身の覚悟」になれない

〈○月×日〉

この闘いは、明日の回答で諦めねば、相当長引くだろう。占いのI先生は、私の商売に影

響するから「やめろ」という。

もし、闘いを続けるとすれば、税理士会の役員は、全て辞めねばなるまい。でも、最近は、私と他の税理士会役員の人達とは、考え方の開きが大分大きい。しかし、この私は、税理士会役員の一パチを目指し、大分、頑張って来たのだがナァ。


〈○月×日〉

K建設のOは、私を完全にペテンにかけたのだ。電話で二軒分の六十万円を払うだと。何が二軒分だ。私の話を聞いた振りをして、全て時間稼ぎをしていたのだ。K建設の会長の話も、D社（建主）のオーナーの話も、全てOの作り話で、ウソだったんだ。チキショウ。やっぱり、U弁護士や占いのI先生や、お袋が言うとおり、大企業から金を取るのは、無理だったんだ。

しかし、税理士のTさんに偶然会ったのは、何かの因縁だ。彼は、全ての面で、女房同様私の味方だ。彼も女房も、私の考えに完全に同調してくれている。

もう、進む以外にない。ヨオーシ、明日は、K建設本社前でのビラ撒きだ。女房や事務員には、危ない仕事はさせられない。全て、私一人でやっていこう。

〈○月×日〉

今日のビラ撒きは、大成功だ。K建設の社員は、みんなビックリしていた。社長のKにもビラを渡そうとしたが、アイツはとうとう受取らなかった。それにしても、取締役の肩書きを一応持っているのにOは、全くダメな男だ。応接室に私を招いても、何の結論的話も出来ないのだ。

しかし、「事の本質」を全く知らないK建設の社員からみれば、私がまるで悪者だ。本当に、私はクヤシクテ泣きたくなった。

社長と会長の自宅前でも、ビラを撒いてやりたかったが、彼らの郵便ポストに入れて置くだけで止めておいた。ヨオーシ、明日は、駅よりの場所で、もう一度ビラ撒きをしておこう。


〈○月×日〉

新宿区役所のM建築部長は、K副主幹同様、まあ、話の分かる方だ。彼は、「私の信念や私の理論的正当性」を遂に認めた。区長にも近いうちに相談するというし、明後日、K建設のS常務が私の自宅に来るという。

ビラ撒きの効果が大きかったのだ。これで、全て解決間違いなしだ。バンザイ。

◎「常務取締役」も、小僧ッコ程度

人は全て「小さな失敗」には謝るものの「大きな失敗」には謝らない。何故ならば、人は全て「自分の損得計算」を重要視した選択をするからである

〈○月×日〉

ああー、私の考えは、本当に甘い。しかし、K建設常務のSは、あれは何だ。私の話は分かるが、「デモ」だ。全く、分っちゃいないのだ。最後には、トウトウ「自分の立場」（雇われ常務取締役の身）をお袋に分らせようとして、私が「帰れ」と言っても帰りやしない。あれで、何が上場会社の常務取締役だ。

しかし、私があまりにも「興奮した交渉」をしていたので、後で女房に「あれでは、相手に怖さを与えず、かえってナメられる」と注意されたが、全くその通りだ。

どうやら、私のケンカは正論をガナルだけで、相手には本当の怖さを与えていないようだ。今後、注意しよう。でも、性格というものは、なかなか直らないものだ。

アアー、しかし、本当にクヤシイ。「K建設の会長、私の前に出て来い」。

〈○月×日〉

しかし、考えれば考える程、K建設のやり方はきたない。私の反対を無視して認可した新宿区役所にしても、かなりの責任があるはずだ。

ヨオーシ、この出鱈目と理不尽な行為を、全建設業界と全市区町村、そして建設省に知らせてやる必要がある。

◎ 共産党も、役所の下請機関

アメリカの敵はソ連にあらず、自民党の敵は共産党にあらず。「アメリカ」（国民）の敵はアメリカの政治家であり、「日本」（国民）の敵は、自民党・共産党を始めとする全政党の全政治家である

〈○月×日〉

今日は、知人の共産党のM区会議員が自宅に来てくれた。さすが、共産党さんだ。やる事が、早い。

しかし、彼の話は、結局のところ、「ほどほどにしろ」といった感じだった。区会議員の使命とは、何なのだろうか。そして、共産党とは、何なのだろうか。


〈○月×日〉

今日は、朝日新聞と読売新聞の本社に行ってきたが、新聞社の窓口は、なかなか厳しいものだ。まあ、マスコミ対策は、いずれゆっくり進めて行くことにしよう。


〈○月×日〉

税理士会の役員は、今日完全に辞退だ。ここ4～5年の間、「江戸川の税理士会」（東京税理士会江戸川支部）の役員として大分頑張ってきたが、もう、支部役員にも、東京税理士会役員にも、日本税理士会連合会の役員にも全く未練はない。それにしても人生、なかなか計算どおりにはいかないものだ。

〈○月×日〉

Ｋ建設は、新宿区役所を通じ「人を仲に立てろ」と私に言って来ているが、もうここ迄くれば、それは全くの筋違いだ。私の方から、人を立てる必要はない。

それにしても、共産党のＭ区会議員は、一体何だろう。私の内緒の話が、全て役所のＫ副主幹の耳に入っていた。共産党といったって、誰の味方だか全く分りやしない。

第二章　「女房とマーフィー」の威力を知る

新しくビルを建てようとする人が、ビルを建てる場合、建築基準法に基づいた「建築確認申請」を市区町村に行い、「認可」を得なければならない。

一方、その場所に新しくビルが建つことは、隣地・既居住者等との日照権等、種々なる「利害関係」が生じる。これを調整するのが各市区町村に設けられた「建築紛争予防調整課」である。

これら、「認可」と「紛争」とは一対になって生じてくるが、これら職務の「総元締」は、建設省である。

私が闘いの鋒先を建設省に向けたのは、これが理由である。

◎ 市長や大臣ポストは、誰の為にあるか

「真理」には、次の三つの妨害がある

一、歪んだ権力

二、歪んだ金力

三、嫉妬・メンツ

真理は、権力に対しては理論的に妥協・調和する以外ないが、金力に対しては「その金」をケットバセば足り、嫉妬・メンツに対しては無視するかこちらが馬鹿になればよい

〈○月×日〉

新宿区のM建築部長は、一両日中に山本区長に話すという。しかし、私の方には時間がないのだ。建築足場が取り除かれてしまえば、私の勝ち目は、全く薄くなってしまう。

私は、秘書課を通じて区長室にも直接乗り込んだが、山本区長は、いち早く逃げたようである。

〈○月×日〉

念の為、今日は山本区長と田中角栄氏の自宅に手紙を出した。田中氏宛の方は、奥さん宛なら本人の方に届くと考え、奥さん宛の分を含め、全てを書留便にしておいた。彼らが、見てくれればよいのだが。果たしてどうだろう。

しかし、これで解決しなければ、金銭的解決の道は、全くなくなる。現在、私の方の要求は、K建設と新宿区がたとえ少しでも、キズがつけばよいのだ。

私の方は、私も私の家族も、本当に大きくキズがついているのだ。このキズ代が、百五十万円とは、本当に安いもんじゃないか！　角さんよ、私の気持ちをわかってくれ。

〈○月×日〉

とうとう、山本区長も田中角栄氏も、何も言ってこなかった。アアー、とうとう私は建設省と闘わねばならなくなった。建設大臣は「斉藤氏」（田中派）だが、彼の親分は、田中角栄氏だ。

敵の総本山は、角サンなのだ。今日、斉藤建設大臣と建設省建設課長宛に内容証明を出しておいたが、向うは本当に困るだろう。いずれ、田中親分に怒られるはずだ。角サンよ、もう私は金では解決に応じてあげないョ。

◎「地元の代議士に頼め」は、親切？

最善の努力をする村長は、並みの総理大臣より上だ

〈○月×日〉

今日、「K建設の不法行為を追及する」と「新宿区役所の不当建築行政」と題する文書を三○○通発送したが、これで誰かが必ず協力してくれるだろう。

総理大臣、建設大臣、全野党の委員長、書記長、衆・参両院の全建設常任委員等に出したのだから、自民党の常任委員はともかく、野党の常任委員の人は、誰かが私に必ず協力してくれるはずだ。

私は、この原稿作成に全精力を費やしてきたんだ、私の理論は正しいはずだ。さあ、これからおもしろくなるゾオー。

〈○月×日〉

アアー、全くの期待外れだった。田中角栄事務所秘書から「地元の代議士に頼め」という電話と、群馬県庁から「相当の課がないから書類はどうしましょう」と不誠実な電話が入っただけだ。そんなこと、職務内容の同じ課があるじゃないか。役人共は、私を全く馬鹿にしている。

それにしても、一昨日、恩師のM先生（税理士）に原稿をみて戴きに行ったら、「私の労作」と自負していた原稿をボロクソに言われたが、あるいは、本当にM先生がおっしゃる通りだったのかも知れない。

M先生がご忠告して下さった通り、世間は、そんなに甘くないのだ。一昨日、M先生からボロクソに言われたお陰で、私の期待感が薄らいでいたから、今日の私は、このショックに耐えられたものの、そうでなかったらどんなになっていたか分りやしない。M先生、御忠告、本当に有難うございました。

〈○月×日〉

恩師のM先生、U弁護士は本当に有難い。いろいろと、日照権の資料を提供して下さった。やっぱり、建設業界には、ビル工事費の2～3％程度の「被害者補償」で済ませようとする「トラの巻き」があったのだ。これは、いい勉強だ。K建設はこのトラの巻きの定石どおり進めたのだ。

このトラの巻きは、建設省の課長補佐と大手建設業者の部長の共著で発行されている。その上、建設省建設事務次官が、この本を推薦している。これでは、実質的な「建設省指導」

であることは間違いない。こんな出鱈目が、今の日本の建設省なんだ。ヨオーシ、角さんよ、アンタと闘うゾ。

◎悪いのは、建主か、建設会社か、建設省か

隣りにビルが建つ場合、日照権、財産権を侵す加害者は、一次的には建設会社であり、二次的には建主である（過去、建設会社、建主の共同責任と下した判決があるが、この判例は正しい）。よって、交渉の相手は、被害者側からみて有利に展開する方で進める必要がある。

〈○月×日〉

しかし、研究すれば研究するほど、日照権問題は、過去の行政も裁判も、全てが出鱈目じゃないか。

判例で、常時取り上げている「受忍限度論」も、「予見義務」も、「建物相互の侵害関係」

なる理論も、全くの出鱈目理論だ。学者も、裁判官も、高級官僚も、被害者になった経験がないから、全くわかっちゃいないのだ。おお！私のアイディアは、どんどんでてくる。私は、いずれ、日照権問題で権威ある「評論家」になれるだろう。

〈○月×日〉

今日は、朝から夜遅くまで一日中よく動いた。朝日テレビのAディレクターは、本当によく協力してくれた。

A氏の仲立ちで、朝日新聞のK記者を紹介されたが、K記者は私の問題を「必ず記事に採り上げる」と言ってくれた。さあ、いよいよ私は日照権問題での権威ある評論家になれるんだ。どんどん勉強しよう。何しろ、私は日照権問題じゃ日本一闘い抜いた男なんだから。

参考

一、「受忍限度論」……「日当りが若干悪くなったって被害者が我慢出来ない範囲ではない」「都市ではお互いに我慢し合うのが当然である」、と言った考えである。これは、一見、「正しい考え方」のようであるが、「だから、被害者への補償金は払わないでよい」（以下、二・三の場合も同じ）ということにはならないはずである。

二、「予見義務」……「隣りが古い家や空地等で、自分が住む隣りにビルが建つか、どうかはある程度予測出来たはず」と言った考え方である。

三、「建物相互の侵害関係」……「既存ビルの隣りにビルが建つ場合、お互いに日照を侵害し合っている。だから既存ビル住民から被害補償金要求は、既得権エゴだ」という考え方である。

四、上記論点の誤りは、被害者側の「財産権減少」を認めず、被害者側の「既得権」（この世は、「天皇家」を始め全ては既得権である）をエゴと決めつけ、だから補償金は微々たるもの（涙金・迷惑料）さえ払えば済むといった考え方にある。

◎新聞・テレビは、「客」を裏切っている

本来、権力の大きさは責任の大きさに比例するものであるが、これに逆比例する旨味あるポストは、新聞・テレビ等のマスコミ経営者である

〈○月×日〉

今日は、新宿区のある新聞のI編集長が、私を取材してくれた。「一面トップの掲載だ」と言う。こんな新聞があったとは、私も全く知らなかった。

彼は、何から私の問題を知ったんだろう。新宿区内の二万部程度の新聞じゃあたいしたことはない。でも、I氏は、私にいろいろ協力すると言っている。世の中、情報時代だ。マスコミの人は、全て大切にしよう。

〈○月×日〉

朝日新聞も、読売新聞も、その後、何も言ってこない。特に、朝日はひどいもんだ。担当者が、K記者からI記者に替わったというから、私は、再三、電話したり、丁重な手紙を出して来たが、その後、何も言って来ないのだ。本当に、腹が立つ。

いや、ここで怒っちゃいけない。新聞社は、正義の味方のはずだ。もう少し辛抱し、手紙でお願いしておこう。どこか、手紙か電話の中で、私の方が失礼していたところがあったのかも知れない。

◎記者クラブは、役所の御用機関

日本の官僚とは、書類をタライ廻しすれば、責任もタライ廻しできるということを本能的に承知した生物である

〈○月×日〉

先日、建設大臣と建設省建設業課長宛に、内容証明と私の日照権に関する原稿を送付しておいたが、これに対して課長補佐のNから、今日、回答書が届いた。

しかし、この回答書じゃなんの回答にもなっていない。よし、近いうちNに電話して会ってみよう。

〈○月×日〉

今日は建設省に行って来た。N課長補佐との話し合いは完全に物分かれだったが、Nの上司らしい専門官は、名刺はよこさなかったが、私の話に、全て頷いていた。

どうやら、私をナダメル直接の担当者は、建設業課長から建設業課長補佐のNに廻ったようである。私は、その後に書いた「建設行政に関する建設的な意見書」を切手代がもったい

ないから、建設大臣、次官、全局長へ直接書類を渡すようNに頼んだが、Nのヤツは、自分の直属上司の課長と局長の分しか受け取れないと言った。官僚なんて、みんなこんなものかも知れない。

〈○月×日〉

建設省記者クラブは、全くの出鱈目だ。私の、建設行政に関する正しい提言書類を受取れないと言った。

建設省が出鱈目なら、建設省記者クラブまでが出鱈目なんだ。本当に、新聞記者の使命は、何なんだろうか。記者クラブの目的はなんなのだろうか。

参考

「建設業課長」

建設省建設経済局内の課。私が、この課長を重視したのは、K建設等、建設業者を取締る権限を持っているのは、建設業課長であるから、場合によっては、同課長がK建設を叱り、私の味方、又は仲裁に入ってもらえると想定したからである。

◎弱者同士は、和合出来ない

人の「好奇心」とは、自分の損得計算以外のことに関心をもつことである

〈○月×日〉

ああー、私は、問題をこんなに大きくしてしまった。もう、どうにもならない。しかし、「マーフィー理論」は、本当にすばらしい。いずれマーフィーは、この私の強力な味方になってくれるに違いない。法律とマーフィーの両面研究だ。私は、もうこの二つで頑張る以外にない。

〈○月×日〉

今日は、日照権被害者の人達を尋ねてみた。しかし、お互いが協力し合うことは非常に難しいようだ。

弱者は弱者同士、お互いの見栄、競争心、嫉妬心が先になってしまうようだ。例え、私がいくら正しい話をしても、誰も耳を貸そうとはしない。

どうも、日本人の体質は、肩書と金力以外は信用しないようだ。これが、日本社会の金権体質なのだろう。これでは、私たち弱者は強者に絶対勝てない。

〈○月×日〉

今日は、建設省前で、私の「労作原稿」のビラ撒きをやった。事務員のA君も協力するというので、彼にビラ撒きのコツを教えてやった。

例えビラ撒きとはいえ、立派な仕事だ。心をこめて相手に手渡そうとすれば、十中八・九、相手は受取るものだ。こちらが、ビクビクして手渡そうとしても、相手は受取っちゃくれない。こんなことでも、全て経験だ。A君も、大分勉強になったろう。

三〇〇セットの原稿ビラは、ものの三十分足らずで無くなったが、どうやら、これは撒く時間が早や過ぎて失敗だったようだ。

高級官僚の入庁は、9時半前後のようだ。どうやら、ビラを手渡したのは、みんな下級官吏ばかりだったかも知れない。こんなことでも、経験してみなくちゃ、分らないものだ。

参考

一、「マーフィー理論」……人間の心に潜む潜在意識を有効に使うことによって、誰でも「成功と幸福」を勝ち取ることが出来るとしている。拙著「老若男女生活実践おもしろい本」「老若男女！が幸福になれる本」（いずれもコスモス出版社）に詳細記述。

二、日照権トラブルは、昭和五十六年夏頃迄、毎日のように新聞紙上をにぎわしていたが、私が建設省・環境庁と徹底的に闘った昭和五十六年七月以降は、何故か、日照権トラブルの新聞記事は殆ど影をひそめてしまった。

◎　建設省と環境庁はケンカすべきだ

社会的功罪は別にして、日本の政治家の特徴とは、次の三点である

一、偽善能力

二、執着心

三、決定的な敵をつくらない

〈〇月×日〉

鯨岡環境庁長官はマスコミ評判が非常によい。日照権問題も、環境公害問題も、その本質は、財産権の侵害問題がからむはずだ。

これらの「本質」をつかんだ原稿は、もう既に出来上っている。私の考えた「環境庁上位論」（建設省・通産省等の現業役所より環境庁の権限が上位）は、絶対的な正論のはずだ。

建設省と環境庁をケンカさせることは、私の勝利への道だ。「田中」（斉藤建設大臣＝田中派）と「三木」（鯨岡環境庁長官＝三木派）が、「いやらしいケンカ」（ロッキード裁判）をするのではなく、正々堂々と本当のケンカをすることは、明るい日本社会をつくるのにつながるはずだ。

そうだ、鯨岡氏とは前に「若干の因縁」（東京税理士会の会合で税理士法改正問題で、講師として出席した鯨岡氏が、私の質問に若干の反応を示した）がある。鯨岡氏を取りこもう。

〈〇月×日〉

環境庁問題を別にして、もう、裁判以外、道はない。出鱈目なのは、斉藤（建設大臣）か、角栄か、善幸（鈴木元総理）か、それとも自民党全体か。

野党にしても、全くの出鱈目だ。マスコミにしても、全く同断だ。

しかし、日本の裁判官の人達は、潔癖で、かつ正しいはずだ。私の正義を必ず認めてくれる裁判官が誰かしらいるだろう。


〈○月×日〉

しかし、何度も言うが、新聞社は出鱈目なところだ。私が、セッセと丁重に書いた五十通以上の手紙に対して、何も言ってこない。何が報道の正義だ。彼ら、政治家とグルじゃないのか。

◎日本の弁護士は、皆、法律無知！

医師も、弁護士も、税理士も、編集者も、広告マンも、彼らの専門知識は非常に有効である。しかし、全ての専門家は、その専門部分の本質で誤りをおかしている。

〈○月×日〉

今日は、裁判の訴状を、下見してもらいにU弁護士事務所へ行った。私は、K建設のK社長と山本新宿区長と斉藤建設大臣の「三人の個人」を被告として書類を作ったが、U弁護士は「これでは駄目だ」という。「行政は、国家組織の一部分だから国を被告にしなければならない」と彼は言うのだ。

しかし、私は、どうしても、U弁護士の説明には納得がいかない。私は、再三にわたり、K氏と山本氏と斉藤氏の「個人」に、「私の権利侵害の救済依頼」をしてきたのだ。

建設省や新宿区の組織が、どうやって私に責任をとれるというのだ。私は、彼ら三人に「彼らの職務怠慢が、私の財産権侵害に及んだ」として謝らせる必要があるのだ。

建設省（国家として正しい行政のはず）や新宿区の組織自体は、正しい精神のはずだ。組織は私に謝る必要も、謝れるはずもない。

ところで、今日のU弁護士は、何時もの彼とは違って、大分いやな顔をしていた。弁護士業界では有力弁護士の一人であるUにしてみれば、小生意気な税理士分際の私が、法律分野まで口出しし、彼の言うことを素直に聞かなかったからかも知れない。

でも、神様（潜在意識）は、本当に有難い。今日、神様は、私に、民法一条二項の信義誠実原則を教えてくれた。やっぱり、U弁護士の知識より、私の感情の方が正しいはずだ。

〈○月×日〉

やった。とうとう、東京地方裁判所に、私独自の方式による訴状の提出が出来たのだ。受付の書記官は、私の裁判書類を読んで、大分「びっくり」していたようだ。

書記官の私に対する今日の対応は、先日、「仮処分申請」（ビル工事進行を一時停止させる為の裁判所への訴え）の相談に行った時の書記官より大分ましだった。

そう言えば、あの時にしても、私は、その書記官の対応に納得がいかなかったので、もう一度行ってその担当書記官をすこし揺さぶったら、とうとう彼は親切に教えてくれたっけ。

私のケースの場合「仮処分申請は絶対出来ない」と、私が聞いた4人の弁護士の全てが言っていたが、実際はそうじゃなく、やれば充分に出来るんだ。（金銭的負担、時間的負担に若干難があったので、この戦術はとらなかったのが実情である）

どうやら、弁護士の法律知識は、裁判所の書記官以下（社会的地位は裁判官と同等）のようだから、弁護士は裁判所に弱いのかも知れない。これで、何が「社会主義」（弁護士法で弁護士の社会的使命とされている）だ。

参考

一、「民法一条二項」……権利の行使及び義務の履行は、信義に従い誠実に之を為すことを要す

二、人間は、どんな高い大臣等地位の職務であれ、その職務は人間として「正しい権利の行使」「正しい義務履行」をするのが当然である。もし、その地位の人が、そうした行為をしない為に、具体的に「一定の人間」（国民）に損害をかけた場合、その責任を「人間」（個人）として負うのは当然である。但し、彼の行為に重大な過失がない場合、「役所」が金銭的負担をするのが、現実的処置のはずである。以上は、民主主義国家の「法の原理」である。

◎ 味方は、こうして敵になる

才能と意思の欠けているところに、いちばん嫉妬が生ずる（ヒルティー）

〈○月×日〉

今日、恩師のM税理士先生のところに、昨日東京地裁に提出できた裁判書類の控をもって訪ねたら、とうとう彼も〝怒り〟をあらわにし、絶縁されてしまった。

ああー、私の強力な味方の一人が、又いなくなってしまったのだ。

そう言えば、今日のU弁護士にしても、今までは「阿部さんの正義感には、敬意を表す」と言ってくれていたが、今日の彼の様子は、益々、おかしくなっていたようだ。

新宿区新聞のI編集長にしても、いろいろと協力してくれてはいるが、どうやら彼は、全くの力不足のようだ。ということは、もう、私には強力な味方が、誰一人としていないのか。

そうだ、先日私は、K弁護士への顧問料支払をやめ、U弁護士一人にしてしまおうと考えたことがあったが、これは、とんでもないことだ。

第一、U弁護士とは、一年足らずの付き合いじゃないか。それに引換え、K弁護士とは、十数年来の付き合いじゃないか。私は、全く、身の程知らずだ。バカ者だ。UもKも、今までどおりにしておこう。そう言えば、最近Kには会っていない。近いうち、彼の事務所に行ってみよう。

〈○月×日〉

それにしても、占いのI先生も「程々にしろ」とおっしゃるし、お袋はお袋で、大変な見幕で怒っている。三人の兄弟達も、友人達も、同業者の人達も、みんな私の話を聞いちゃくれない。結局のところ、私の味方は、女房と苦労人の私のお得意先の社長さん達だけなんだ。

あっ、そうだ。もう一人、大切な人がいた。マーフィーさんだ。マーフィー（神）さん、どうか私を助けて下さい。

◎ 野党は、自民党よりもっと悪い

敵側の末端担当者は、つまるところ、「上長」（強者）の命令に従わねばならない弱者である。

「強いヤツ」との闘争が難しいのは、「真の敵」（強者）との接触が何時になっても出来ないところにある

〈○月×日〉

どうやら、鯨岡環境庁長官も、きれいごとを言うだけの人のようだ。言う事とやる事は、違う人なんだ。(日本の与野党の政治家は、そこにほんのわずかばかりの違いはあるものの、全て、言う事とやる事の違う人達である)

過日、私が陳情した鯨岡氏のM秘書官は、私からの内容証明に「ビックリ」し、私に対する呼び方は「先生」に格上げた。下ッパとケンカしても、しょうがない。

〈○月×日〉

今日、政治家やマスコミの主だったところ三〇〇人に、「私の裁判書類」と「日照権・環境公害問題に関する具体的提言書類」を送ったが、これは、理論的に全て正しいはずだ。

今度こそ、誰か、少なくとも野党かマスコミは、何かしら言ってくるだろう。私は、もう、法律のエキスパートだ。

しかし、法務省の記者クラブの連中もひどいもんだ。この間の建設省の記者クラブの面々よりもっと悪いんじゃないか。

〈○月×日〉

ああー、とうとう、今度も、誰も何も言っちゃこなかった。マスコミや野党の使命とは、果たして、何なんだ。

彼ら、自民党を悪く言いながら、結局のところ、自民党以下なんじゃないのか。

第三章　答は、問題の中にある

民主主義とは、何でしょうか。私達国民一人ひとりは国会議員の選挙以外にも「裁判」を通じて、全て、政治に参加しているはずです。

すなわち、国や地方団体が、私達に対し、具体的・直接的に「不法行為」をしてきた場合、私達は「裁判」(法律家の中で一般に言われる行政裁判)を通じて闘い、「裁判所」は「この訴え」に対して「正しい判決」を出し、「マスコミ」はこの「裁判事実」を正しく報道することによって、民主主義は「正しく機能」するはずです。

ところが、今日の日本では、これが全くそうなっていないのです。裁判官も、マスコミ幹部も、「政治」(政治家と行政官僚)の「下請機関」になってしまっているのです。それは何故でしょうか……?

◎「売名目的」で「怒り」は生じない

例え、どんなに偉い人が、言うこととやることに違いがあったにしても、その人にはその人の「自由」がある

ここのところが、何時になってもわからない私が「馬鹿である」と

いうことは、理論的に正しい

〈○月×日〉

私は、この十日間、下痢がひどく、私の得意先であるO医院に通院し、点滴を打ってもらっていたが、この病気は、私を精神的に救ってくれたのだ。病気していなかったら、私の、あらゆる人達に対する憤懣は、果たして、どうなっていたかわかりやしない。神様は、私に十日間の病気を下さったのだ。神様、本当に有難うございます。


〈○月×日〉

ところで、私が会う友人達に闘争の話をすると、彼らは「闘争の目的は何？」と必ず聞く。売名だろうが何だろうが、そんなことどうだっていいじゃないか！


〈○月×日〉

O医師は、「腹を立てたら、体がいくつあっても足りない」と言っていたが、本当にそのとおりだ。

私が、未だ、こんな低い程度の人間じゃあ、「日本国家との闘い」は無理なのか。いや、そんなことはない。反省・反省、勇気・勇気だ。

◎　訴状は自分で書ける――訴状見本――

裁判は、弁護士に頼まなくても、誰でも出来る。訴状を裁判所に提出し、裁判官の命令に従い法廷に出席さえすればよいのである

以下は、東京地方裁判所に提出した私の訴状です（この項は、若干難しいので、飛ばして戴き、最後にもう一度読んで頂ければ有難いです）

〈訴状〉

一、本訴の目的は、原告の憲法第二十九条第一項で保障された財産権の侵害に対する民法第一条第二項、民法第七〇九条に基づく被告らへの損害賠償請求であるが、それと同時に現在の社会において日照権問題、国土・都市開発問題、環境・公害問題に関しての企業活動・行政行為・裁判判決に大きな誤りがあり、そしてこれらに伴う一般社会常識の大きな誤りがあるのでこれらを是正すなわち「社会的不公正」の是正並びに特別職を含む公務員の国民に対応する基本的姿勢を問うのが目的である。

二、原告は新宿区築地町十六番地にある五階建てマンションの四階部分、中廊下の西側一室三十坪を所有し居住しているものである。

三、被告KHは原告との紛争関係発端から本日迄東京証券取引所第二部上場会社である訴外K建設株式会社の代表取締役社長の職にあり、被告山本克忠は原告との紛争関係発端から本日迄東京都新宿区長の職にあり、被告斉藤滋与史は原告との紛争関係発端から本日迄建設大臣の職にある。

四、ところで原告所有マンションの西側隣地に訴外D株式会社が同社の本社五階建てビル延一六五坪の建築を訴外K建設株式会社に依頼し、昭和五十六年二月四日建築着工し、現在ほぼ完成しつつあるが、これによって原告の憲法第二十九条第一項の財産権は侵害された。

五、被告KHは原告からの四月六日付内容証明文書で原告の共有所有土地の無断使用をしないようにとの要求を受けたにもかかわらず、訴外K建設株式会社は四月十日以降本日迄無断使用しているが、これを部下に指示し、原告の財産権を故意に侵害した。

六、被告KHの部下である訴外K建設株式会社の担当役員・職員は、建設省が現在実質的に推薦している建設業者住民対策担当者用のマニュアル図書に基づき原告に対応し、補償金の提示等交渉に臨んだものと考えられるものの、長期間にわたる黙殺・だまし等で原告に種々の精神的屈辱を与えつつ、その間に仮設建設足場として原告共有地の無断使用に及び、原告の財産権を不法侵害したが、これを全て指示した被告KHは、社会的責任を責うべき上場会社の最高責任者としての責任は重大である。

七、被告山本克忠は原告からの二月一日及び二月二日付文書により訴外D株式会社の本社ビルの建築確認申請の許可をしないようにとの要求を受けたにもかかわらず、二月四日認可し、原告の財産権を故意又は過失により侵害した。

八、被告山本克忠及び訴外新宿区建築部長Mを含む新宿区担当官は、被害者である原告の立場を実質的には全く無視し、訴外D株式会社並びに訴外K建設株式会社の企業側の立場に実質的にたった行政行為・行政指導を全てにわたり行ったが、公平を旨とすべく新宿区地方行政の最高責任者として被告人山本克忠の過失責任は重大である。

九、被告斉藤滋与史は、原告からの昭和五十六年五月十八日、六月十二日、六月二十二日付文書で訴外K建設株式会社の不法行為中止の行政指導、建設業者全般に対して現在ビル建築請負金額の平均二～三％とされている日照権補償金の引上げの行政指導、その他建設行政全般の具体的な提言と請願に対して何らの処置もせず、原告の財産権を故意又は過失により不法に侵害した。

十、昭和五十六年六月二十日作成原告論文「誰が日照権を侵害するか」で記述したとおり、建設業界・不動産業界の企業エゴの論鋒を鵜呑みにした、大きく誤った社会常識があるとはいえ、被告斉藤滋与史にあっては原告からの再三にわたる「提言・要求」で当然現在の建設行政の「矛盾と大きな間違い」が承知できたはずである。よって原告は、被告斉藤滋与史に対して建設大臣としての社会的責任を問うと同時に、民法第一条二項の信義誠実の原則を問うものである。

十一、過去の日照権紛争の学理・裁判判決は、被害者の受忍限度、被害者の予見義務、建物相互の日照権侵害関係等「日照権」を表面的に観た理論的にも「大きく間違った」解釈をしているが、日照権紛争の日照権の本質は何か。日照権とは憲法第二十五条の自然人の生存権（「生活環境権」と原告私見の「職業生活権」）と自然人・企業の憲法第二十九条の財産権の「両方の全て」を加害者と被害者の関係、強者と弱者の関係、企業と自然人の関係、土地の高度利用の新旧関係等を綜合的に勘案し、加害者が被害者に金銭的にどう負担するかの問題である。過去の裁判判決が、生存権のうち生活環境部分程度のみを認めているのは、法律的にも経済的にも大きく間違っている。

十二、全てのビル建設を含む企業活動、行政活動が近隣住民の環境・公害の点を考慮したにしても、近隣住民の財産権に対して「不当損失」及び「不当利益」を生じせしめているのは、明白な事実である。これに何らの行政上の解決をしようとせず「社会的不公正」問題を是正しない建設大臣である被告斉藤滋与史の責任は最も重大である。

十三、新宿区建築部部長訴外Y建設省計画局建設業課長補佐訴外Nら本件紛争に関して原告と接触した全ての行政官は、憲法第九十九条を含む憲法の全文、並びに建築基準法第一条等関連法律の基本的部分を全く考慮せず、建築基準法第一条以外の各条文、その他政令・条例等の枝葉法律等による発言に終始したが、この形式的でかつ国民に対する増長した姿勢は、憲法第十三条の個人の尊重を無視したものである。

十四、以上要するに、被告らは部下に対する監督責任もさることながら、被告ら自身が直接社会的責任を責うべき立場であるはずであり、本件に関する被告らの原告に対する対応は、民法第一条第二項の信義誠実の原則に反すること著しいため、民法第七〇九条の損害賠償の請求に及んだものである。

十五、よって原告は、被告らに対し原告のマンションの財産価格低落一、二〇〇万円の損害金を各自支払うよう請求し、かつ右一、二〇〇万円に対する訴状送達の日の翌日以降右完済に至るまで民法所定の年五分の割合による遅延損害金の支払をもとめる。（東京地裁56・7・15受理）

参考

一、憲法二十五条一項……すべて国民は、健康で文化的な最低限度の生活を営む権利を有する

二、憲法十三条……すべて国民は、個人として尊重される。生命、自由及び幸福追求に対する国民の権利については、公共の福祉に反しない限り、立法その他国政の上で、最大の尊重を必要とする。

三、憲法九十九条……天皇、摂政及び国務大臣、国会議員、裁判官その他の公務員は、この憲法を尊重し、擁護する義務を負う。

四、民法七〇九条……故意又は過失に因りて他人の権利を侵害したる者は之に因りて生じたる損害を賠償する責に任ず。

五、建築基準法一条……この法律は、建築物の敷地、構造、設備及び用途に関する最低の基準を定めて、国民の生命、健康及び財産の保護を図り、もって公共の福祉の増進に資することを目的とする。

◎　東京地裁は、イヤガラセをしない！

裁判官も「人の子」である。「人の子」とは、自分以下の地位の者が行った「高い行為」（正しい行為）を認められない心である。

〈〇月×日〉

裁判所から、日照権裁判に対して八月三十一日迄に回答するよう「釈明準備命令」なる書類がきているが、この書類は、どうも理解出来ない。

まさか、東京地裁が、私に対してイヤガラセをするわけはあるまい。やっぱり、U弁護士が、「私の裁判方法では無理だ」と言ったことは、正しかったのか。

しかし、私は、もう後には引けないのだ。期日迄残すは、あと20日間だ。いずれ、この釈明準備命令の対策を立てていこう。

参考

〈東京地裁釈明準備命令〉

原告は、昭和五十六年八月三一日までに次の事項を明らかにした書面を提出せよ。

一　被告ＫＨに対する損害賠償請求について

1　被告ＫＨ自身の不法行為の態様として次のいずれを主張するのか。

（一）原告所有の部屋のあるマンションの西側隣地において、Ｄ株式会社の本社ビル建築に着工した行為

（二）原告の共有土地の無断使用を部下に指示した行為

2　前項（一）を主張する場合

建築着工につき、被告ＫＨ個人のいかなる行為が不法行為を構成するのか。その行為の具体的内容を明らかにせよ。

（二）同（二）を主張する場合
原告の共有土地の所在、面積、共有者名、被告ＫＨが同共有土地の無断使用を指示した年月日、部下の氏名を明らかにせよ。
3　第1項の（一）（二）を主張する場合、その各行為によって被った損害の具体的内容、額をそれぞれ明らかにせよ。
二　被告山本克忠に対する損害賠償請求について
被告山本自身の不法行為の態様の主張は、同人が新宿区長として、Ｄ株式会社本社ビルの建築確認申請について建築主事をして確認させないように指導すべきであるのにこれを怠ったという趣旨か。
三　被告斉藤滋与史に対する損害賠償について
被告斉藤自身の不法行為の態様として同人の建設大臣としての作為あるいは不作為を主張するのか。（56・7・29付）

◎「役人のメンツ」は「法理論」に勝る

役所と闘う場合、「担当者の立場」（メンツ）を立て、担当官を徹底的にヤッツケず、「半分負けること」（半分勝つこと）が、実践上の効率のよい対処法である。

〈○月×日〉

しかし、今年の8月は、お得意先の税務調査が、大分多かった。全部で6件あった。税務署の予定は、それぞれみんな二日間だったが、全てみんな一日で終わらせることができた。まあ、「大成功」といっていいだろう。

第一、私の方じゃ、みんな税務署ペースで二日かかったんじゃ、裁判所への「釈明準備命令に対する回答書」を8月31日迄の回答期限迄に、間に合わせることは出来ない。

第一回公判は、9月16日だ。さあ、これからは、裁判だ。勉強、勉強。

〈○月×日〉

昨日と今日にかけ、U・W・Kの順序で、三人の弁護士事務所を廻り、私が作った「訴状」

と、東京地裁から来た「釈明準備命令」について参考意見を伺ってみた。

U弁護士は、案の定、私に対して勝ち誇った態度で、結論的には「法律のことは弁護士にまかせろ」であり、全てが、私に不安材料を与えた威かし的な意見であった。

W弁護士にしても、「民法一条二項」は「倫理規定」だから、倫理規定の違反では裁判の「具体的因果事実」にはならない。「阿部さんは、もっと学説や憲法を勉強しろ」と教えてくれた。

私は、昨日UとWの話を聞いて「裁判はもうダメか」と、恐怖心と東京地裁に対する憤りで、殆ど眠れなかった。

しかし、今日、K弁護士が「阿部さん、書ける範囲で、裁判所の命令どおり、ちゃんと書いて出しておいた方がよい」という一言は、今日の私にとって千金の重みがあった。K先生、本当に有難う。


〈○月×日〉

大宮税務署が、得意先のA氏に、四百万円の所得税を更正し、課税してきた。二ヶ月ほど前、私は大宮税務署の担当官に、電話や文書で、「課税しないよう」お願いしておいたのだが、とうとう課税してきた。

それにしても、電話で、何回も何時間も話し合った感じでは、あの担当官は、私より「資産税」（一般に、譲渡所得税、相続税、贈与税をいう）の法律に詳しいようだ。

ああー、どうしよう。Aさんよ、待ってくれ。最終的には、憲法でも闘える。アァー、しかし、これも、大変なことになった。

◎恐怖（心）が恐怖（心）を生む

人間は、本来、「やれること」と「やらねばならないこと」を考えるべき生物のはずであるが、私は実際は、「やれないこと」や「やる必要がないこと」をクヨクヨ考え、時間を浪費している

〈○月×日〉

今日は、一日中、頭が混乱し、どうにもならなかった。私としたことが、こんなことじゃ、ダメじゃないか。

そうだ、マーフィーが言っているではないか。「答えは、問題の中にある」と。落ちついて落ちついて。「一つ」「一つ」をかたづけていくことだ。

〈○月×日〉

今日、K税務署の担当官は、お得意先のO医師の税務問題について、私が申告した方式ではダメで課税するとの話だ。もし、私の方式がダメなら、O医師の税金は、三百万円は増えてしまう。問題は次から次へと出てくる。一体どうなっているのだ。

ところで、今日の夜十時、私一人で事務所で「裁判書類」（釈明準備命令に対する回答書）を書いていたら、「日照権の問題だ……」と電話が入ったが、相手は名前を名乗らず、不気味な沈黙（私の印象）のあと、一方的に電話を切ってしまった。

私は、てっきり相手は「殺し屋」かと思い、すぐ事務所を退出し、エレベーターにも乗らずタクシーで家に帰った。ああ、本当に怖ろしかった。私は、明日からも居残りをして、仕事を沢山かたづけなければならないのに、どうすればよいのだ。神様、どうか助けて下さい。

◎天皇以外の職務には、「責任」がある

「恐怖は、常に無知より生ずる」（エマーソン）。だから「無知さえ直せば、私には恐怖はない」という問題は、私にとっての永遠のテーマである

〈○月×日〉

昨日の電話は、どうやら鯨岡環境庁長官の秘書官の一人だったかも知れない。そう言えば、相手は好意的な電話の感じだったたし、私に「彼の正体」がわかると困ると考え、電話を切ったのだ。私が会った三人の秘書官のうちの、あの人だったたに違いない。

K建設か、誰かが廻した、人殺しでも何でもないんだ。昨夜は、そんな風に考え、恐怖心がものすごく大きかったが、これは「私の心」がいやしい証拠だ。勇気、勇気。

正しい解答は、全て問題の中にあるのだ。K弁護士先生が言ってくれたとおり、裁判所の命令に忠実に答えねばならないのだ。

〈○月×日〉

とうとう、東京地方裁判所からの釈明準備命令に対する回答書が、出来上がった。斉藤建設大臣と山本新宿区長とＫＨ社長の「三被告」（個人）のそれらが行った（斉藤建設大臣については、義務を行わなかった）私に対する「権利侵害の具体的因果」は、これで法的に充分立証出来たはずだ。

何人も、この日本社会で、自分の「権利の行使」と「義務の履行」をする場合、信義を重んじ誠実に行わなければならないと規定した民法一条二項は、人間社会での当然な法規定だ。何が倫理規定だ。「法曹界」（弁護士、検事、裁判官等）の連中は、法律を全く知らないのだ。

〈○月×日〉

民法は、憲法に次ぐ、私たち日本人の基本法だ。民法一条二項の信義誠実の原則規定をうけて、「故意又は過失により他人の権利を侵害したる者は、之に因りて生じたる損害を賠償する責に任ずる」と規定した民法七〇九条があるのだ。

斉藤建設大臣や山本新宿区長やＫＨ社長が対処した事実に、故意又は過失があったことは間違いない。

それにしても法曹界の連中は、「公務員の職務」は「国家公務員法」の制約を受け、「大会社社長の職務」は「商法」の制約を受ければ、「民法」の制約を受けないでも済むと錯覚しているようだ。

そんな、馬鹿な話があるか。この日本では、天皇以外、全ての人は、「人間としての制約」を規定した「民法」にも従わねばならない。

戦前も、戦後も、日本が世界から孤立する方向に進んでいるのは、「総理大臣等偉いヤツ」の無責任が原因であることは間違いない。具体的には、ここに問題があったのだ。これは、大きくなるゾー。

◎「責任逃れ」は、税理士のクズだ

税理士は、税務に関する専門家として、独立した公正な立場において、申告納税制度の理念にそって、納税義務者の信頼にこたえ、租税に関する法令に規定された納税義務の適正な実現を図ることを使命とする（税理士法一条）

〈○月×日〉

K税務署のO医師に対する課税問題の件は、「事実の認定」が問題なのだ。この「事実認定」については、私の認定の方が税務署の認定より正しいはずだから、裁判まで持ち込めば、間違いなく勝てるはずだ。

しかし、大宮税務署のA氏の問題は、法律の解釈が問題なのだ。今日、他の税理士さん三人に聞いてみたが、やっぱり、大宮税務署の課税が正しいという。

私は、これでAさんに言いわけが立つのか。私は彼に対しどう責任をとればよいのだ。こんなことで、私は「税理士先生」と言えるのか。アアー、どうしよう。

〈○月×日〉

やっぱり、もうダメか。これが課税であれば、世の中の方が狂っているんじゃないのか。

アッ、そうだ。全ての解答は、問題の中にあるのだ。問題とは、法律の条文だ。「租税特別措置法三十七条」（この件に関する課税、課税なしのことが規定されている）をよく読んでみる必要がある。明日、ゆっくり、法律を読んでみよう。

◎　国税庁の違法課税を発見

税法は、難解である。だから、税理士という職業が、この世に存在するのだ。しかし、例え税理士と言えども、現行社会での一般常識は言うに及ばず、民法・商法等の各種法律規定や、会計学・経済学等にも通じ、かつ、時には「哲学的思考」を身につけなければ、大きな誤りをおかす危険がある

〈○月×日〉

とうとう、私は発見した。大蔵官僚も、税務署も、税法を心で読めていないのだ。

「もの」（土地建物の物件）を事業の用に供することが出来る人は、所有者とは限らないのだ。「所有者兼使用者」を含む「全ての使用者」以外に、あり得ないのだ。

その上、「法律の字句」にも矛盾があり、（前記の前程が狂っていれば、後の法律字句に狂いがでるのは当然）狂っているではないか。

そうすると、全ての税務署は、大宮税務署と同様に間違った課税をしていることになるが、これは大蔵省の方が間違っているのか、それとも国税庁の税務署指導が間違っているのか。

ヨオーシ、この問題も、大きくなるゾー。

参考

一、個人が土地や建物を売った場合、その個人の「売却利益」(売った金額から買った金額を差引いた金額)に一定の所得税がかかります。

二、ところで、租税特別措置法三十七条とは、種々なる一定の要件を満たした場合は、この所得税を免除すると規定したものなのです。

三、本件の問題の争点は、租税特別措置法三十七条が規定する「事業の用に供しているものの譲渡」という言葉の意味は、何であるかということです。

四、私はこの言葉を次のように分解・分析したのです。すなわち、譲渡資産の「事業の用に供しているものの譲渡」について資産の利用状況を分析すると、下記のように区分される。

① 所有者が事業に直接使用している場合(②イのアパート業を含む)

② 所有者が他人に貸している場合

イ 所有者個人が経営するアパート業

ロ 所有者個人が経営する製造業・小売業等の法人

ハ　第三者が借受け、事業に使用している。この場合借受人は法人と個人に分れる。

五、過去の解釈は、所有者の売却にからむ規定だから、頭から「所有者の事業形体」についてのみ考えていたのですが、これは絶対的な誤りだったのです。（※この件は、56年12月末、大宮税務署が課税の全部を取消し、得意先A氏と私の勝利になりました）

◎　こうすれば「役所の誤り」を正せられる

国が「法的に誤った行為」（不法行政行為）をして、国民に具体的・直接的に損害をかけた場合、その国民からの請願に対し、正しい行政行為に直す法的義務が、国に生ずる。これは、法律のイロハであり法律以前のイロハである（後記憲法・請願法を参照）

〈○月×日〉

この問題は、大蔵省・国税庁の法律解釈の誤りと、法律字句の狂いの訂正だ。「常套手段」（大宮税務署への異議申立て）では、到底、大宮税務署が、A氏への課税を取り消すはずがない。

よおーし、これは、請願法で攻めよう。そう言えば、私は前からあっちこっちの弁護士に「請願法」について尋ねても、どうも納得のいく解答を、もらえていなかったっけ。

役所は、全て国民の為にあるのだ。国民の為の窓口のはずだ。具体的被害を受けた国民からの請願であれば、役所の方は、自分の方の間違いを直ちに改めねばならないはずだ。

〈○月×日〉

さて、A氏の問題は、今日で完了した。この際、税務署長の「裁量権」(基本的人権の面や、所得税法一条や法人税法一条面を考慮すれば、倒産や夜逃げさせる程の課税は出来ないはずである) の在り方についても、問題にしておいてやったゾ。

サァー、大蔵省・国税庁との全面的な闘いだ。とりあえず、9月3日は、国税庁長官と全面的闘いだ。この際、O医師の課税問題のK税務署を、この「国税庁長官への請願書」で脅し、解決にもっていこう。

参考
一、憲法十六条……何人も損害の救済等について平穏に請願する権利を有する。
二、請願法五条……この法律に適合する請願は、官公署においてこれを受理し誠実に処理しなければならない。

◎人間は「予知能力」がなぜ欠けているか

地震・風水害等の自然災害、火災・交通事故等の人的災害、そして私が体験したような突発的入院など、あらゆる問題の結果には、そこに原因及び予兆がある。但し、私達凡人には、そのことが後になってみないとわからないだけである

〈○月×日〉

しかし、我ながら、今月（8月）は仕事を沢山したものだ。神様、有難う。私の女房よ、マーフィーさん（アメリカの思想家）、本当に有難う。

〈〇月×日〉

昨夜は、夜中じゅう下腹が痛くて眠れなかったので、今日は女房に付き添ってもらって、厚生年金病院で検査してもらったが、何ていうことはないようだ。

病院で、あっちこっち検査してもらっているうちに、痛みは、段々治っていった。今日は、一日、仕事を休んでしまったが、明日（9月3日）からは、色々と勝負しなければならない。頑張るゾー。

参考

一、昭和五十六年九月三日午後八時、厚生年金病院に入院。4日午前0時~午前三時半手術。胆のう短肝炎。退院は十月七日

二、これは退院してから気づいたことであるが、入院半年前ぐらいから何回か、急激な痛みが、得意先訪問時等にあったようである。

第四章　病気を愛するな！

「日照権問題」では、裁判を通じ建設省と、それに私が処理したお得意先の「税の問題」では大蔵省・国税庁と全面的に闘わねばならない段階で、私は、入院という問題をかかえてしまったのです。

私には、この時期に、何故、このような、国家との闘争や入院という問題が生じたのでしょうか。それは、私自身が、無知であった為以外の何ものでもありません。

このことを別の視点から言えば、あなたや私にとって、あなたや私の問題は、あなたや私の「無知部分を有知に変える絶好なチャンスである」と言えます。

そうです。私達には、死ぬ迄、チャンスは何時でも、いくらでもあるのです。

◎悪運が幸いした真夜中の手術

人間が人間以外の動物や植物から見習わねばならない最も重要な問題は、彼らは人間のように何らかの理由をこじつけたりして「死を選ぶこと」（自殺や大病時に死を考える）を、絶対にしていないことである

〈○月×日〉

ああ、私は、やっぱり助かったんだ。神様、本当に有難う。

〈○月×日〉

私が助かったのは、本当に神様のお陰だ。あの時（手術前）、部長先生が夜中に来てくれなかったら、果たして、私はどうなっていたのだろうか。

また、あの日（9月3日）、それなりの「仕事」（闘争）を終らせた午後4時頃、お腹の痛みがひどかったので、私が本当に信頼するお得意先のO医院に行こうと思ったが、行かないですぐ家に帰ったのも良かったのだ。

前の日（9月2日）に、厚生年金病院で検査をしてもらっていたから、厚生年金病院は私をすぐ「入院」（午後8時）させてくれたのだ。

あの時、私はもうろうとした意識の中で、検査を済ませた若い先生が、「原因がはっきりしないから、明日（9月4日）朝、もう一度検査して手術する」と言って私を病室に入れたが、私は、本当に何か「いやーな感じ」がした。

虫（潜在意識・神）が知らせてくれたのだ。医師や看護婦、そして女房達が、「もう夜も遅いから」として、病室から離れようとする直前、私は、大震えを伴った大きなうめき声を発したらしい。

それが、結果にして、部長先生が来てくれて「真夜中の手術」（午前0時～3時）になったのだ。先生、部長先生、虫様、本当に有難う。

〈○月×日〉

もうろうとした意識の中で手術台に上った時、私が、何を考えたか。

その答えは、女房、子供二人・同居するお袋のことではなかった。ただ、考えたのは、この「おもしろい人生」を41才やそこらで「まだ絶対死ねない」ということだけだった。

私は生命保険に入っているから、私の命は家族に対し責任は全くないのだ。ただ、私が死ねば、私が「損をする」だけだ。私は、損をすることは絶対したくないのだ。

逆に言えば、「生きているということは、全てが勉強だから全てが得」のはずだ。私が損をせずに死ねるのは、90才か100才か。これなら、「天命」かも知れない。

◎　私は、なぜ病気を愛したか

〃類は類を呼ぶ〃のは、「自然界」（人間社会も自然界の一部）の法則（必然的な結果）である

私が病気を求めなければ、病気が私につくわけはない

〈○月×日〉

病室は六人部屋だ。お年寄りの人達が4人、若い人は、私以外では一人いるだけだ。それにしても私は、どうしてこんな病気（胆のう短管炎）になってしまったのだろうか。これは、私にとって基本的な問題だ。

私は、いろんな人を敵に回してきたが、結局のところ、私は敵に対して怒り、かつ、恨んでいたんじゃないだろうか。私のいやらしい心が病気の原因のはずだ。これは間違いない。

そう言えば、D社（建主）、K建設（施行業者）、マンションの人達、新宿区役所、建設省、環境庁、大宮税務署、K税務署、マスコミ、政治家等を敵にしてきた。付き合いがある税理士や弁護士の人達も、その大部分を敵に廻してしまったようである。

〈○月×日〉

私の心のうるおいと思っていた大切な友人すら、敵のようなものだった。

私は、今年の四月にK建設に徹底的に戦いを挑んだが、それ以前は、友人の誰かしらと毎晩のように「一パイ」やっていたんだ。それが、四月以降は、友人達との心の開きがどうにもならなく感じるようになってしまった。誰も、私の「悩み」（友人は自慢話と受け取って目的は何だと聞く）を聞いちゃくれない。

結局のところ、私の味方は、女房とお得意先の社長さん達だけだと言うことが分った。

もし、万一、私に味方が誰一人としていなくなれば、私の弱い精神力じゃ、到底、生きてけなくなるだろう。「味方の人だけは大切にしよう」と考えた。

◎「先輩」（親・恩人）との闘いは、人間の宿命

闘争ケンカをするにとって最も大切な問題は、自分が闘争を進めようとする「動機自体」に、その時点その時点で、「自分の方に誤りはない」と真に思えるかどうかである

〈○月×日〉

ところで、何を言おう、私の最大の敵は、私の最大の恩人であるはずの、私の「母親」だったのだ。私と母親は、この5～6年前までは、女房以上、心が振れ合っていたはずだ。何で、こんな関係になってしまったんだ。

〈○月×日〉

ビルが建ち上がった7月中旬のある暑い日曜日、母親は「西陽《にしび》が入らないで、かえっていい（害がない）じゃないか」、だから「ケンカは、もう止めろ」と言うのだ。

この一言は、私に「大きな衝撃」を与えた。

そして私は、母親のこの一言に、彼女を恨んだ。

確かに、ビルが建ち上がってみると、思った程圧迫感はなく、夏に西陽が入らないのは、ある意味じゃ悪くない。でも、年間を通じた場合、果たしてどうなのだ。私にとって、これは、闘いの基本的問題なのだ。

もし、お袋が言ったとおり、私の方に、「財産権侵害の被害」がないとすれば、私の方が全て間違ったことをしたことになる。私は、4月、5月、6月、7月と、この4ヶ月間「死にもの狂い」で闘って来たが、もし、母親が言ったとおり、被害がないとすれば、私の闘いの動機自体が、「いやらしい」ことになるのだ。

私は、あの時、母親の一言に、深刻に悩んだ。女房や他の人達の意見も聞き、やっと、「財産権侵害の被害はある」と心から思える迄に到達した。

このやっとの結論により、私自身、「いやらしい人間でない」と、なんとか自信がもてるようになった。お袋さんョ！　私はそんなにいやらしい息子じゃないんだ。


〈○月×日〉

母親は母親で、多分、マンションの人達との関係で、相当いやな事や悩みがあったのだろう。彼女の気持を全く察することをしなかった、私もいけなかったのだ。

私は、母親と話すことは、母親からケンカのクギをさされ、闘争のマイナスになると思ったから、この三〜四カ月、母親を全て無視し、女房とばかり話し合ってきた。

お袋さんョ、私に他意はないんだ。女房とばかり話し合って来たのは、女房に救ってもらう以外、私には、他に道がなかったからだ。お袋さんョ、許してくれ。全て、私がいけなかった。私はアンタを絶対恨まない。

◎馬鹿を解れば馬鹿でない

種々、好ましくない現象が生じ、見通しの悪い事項が山積している場合、その人が、その時点で最も基本となる「考え方の欠点」を改めることは、外形上直接つながらない部分の問題をも好転させてしまう。これは運命の偉大な法則である

〈○月×日〉

結局のところ、私が生まれて初めて経験したこの「入院」（病気）は、私の憎悪感・恨み心・恐怖心などが原因したことに間違いない。

しかし、私が病気になった原因は、他にあるはずだ。それは、神様が私に今回の入院を通じ、私を精神的に大きく成長させ、明るい日本を創るよう仕向けて下さっているはずだ。この入院は、有難いことなのだ。

〈○月×日〉

よおーし、私は神様の命令に従い、この入院期間を大切にしよう。どんどん、マーフィーに学ぼう。今の私には、まだまだ学ぶことがいくらでもある。それにしても、マーフィーさんは、本当に素晴らしい人だ。私が、全人的に尊敬できる人だ（※どんなに秀れた相手より自分の方が秀れた点は若干あるから、全人的に尊敬ということは間違いである）

〈○月×日〉

江戸川の税理士会の人達に、毎日見舞ってもらって、本当に申しわけない。私は、役員を退める時、税理士会の人達に大分難クセをつけてしまったが、私の方がいけなかった。

私は、みんなに私を理解させせようとしたが、私がみんなを理解しなければいけなかったのだ。税理士会の人達が悪いんじゃなく、私の方が悪かった。

私は、税理士は計算高く建前と本音を使い分ける人ばかりだからちっともまとまらず、結局、税理士の社会的地位が高くならないのだと考えていたが、すべては私が悪いのだ。今度の闘いで分ったことは、弁護士も高級官僚も政治家もマスコミも、みんな税理士の人達と同じような人達ばかりだ、ということだった。
これは、私にとって、非常に意外なことだった。税理士の皆さん、許してくれ。私の方が、間違いであり、気狂いだった。この日本じゃ、私みたいな気狂いは、他にいないかも知れない。

◎老人に「病気以外の仕事」があるか

人が「生きる」ということは、「思うこと」と「何かをやること」である

人が衣食住に安定し、他に「思うこと」や「やること」が全くなくなれば、人は自分の「健康」（実際には百パーセント「病気」）のことを思い、「病気をやる」のが必然的な結果である。

〈○月×日〉
同室のMさんは、六十五才になるサラリーマン退職者だが、非常におもしろい人だ。

でも、彼は、何故、病気と親しまなければならないのだろうか。入院してもう三カ月ぐらいになるらしいが、彼は、熱が出る（平熱より一～二度高くなる）、肩がこる、眠れない、食べられないの悪循環だ。

私は、彼や彼の奥さんに「病気じゃないから早く退院しろ」と言ってやったが、彼は、病気を愛しているのだから、これはどうにもならない。

子供も大きくなったし、彼には、病気以外に他にやることも、他に愛するものもないのだ。現在の彼にとっては、「病気」（病気であると思うこと）が大切な仕事の一つなのである。

〈○月×日〉

しかし、Mさんのような問題は、今日の「老人問題」の本質かも知れない。

「年金問題」（老人が多くなり、厚生年金の支払いが、将来不可能になる）や「医療費問題」（年々、国民総所得に対し、医療費割合が増加し、国家財政の赤字が大きくなっていく）の解決には、老人の「仕事と生きがい」の問題を解決せねばならない。

結局のところ、老人の中で、現在、仕事や生きがいを持っている人は、政治家や財界人など「勲章レース」に参加している、ほんの微々たる人達だけではないだろうか。

参考

Mさんは、その後、あっちこっちの科を回り、昭和五十六年十二月に亡くなられたことを、私は翌年の秋に知り、早速奥さんを訪ねた。

◎　敵は、敵すらいないより有難い

この世の中、周りがみんな味方なら面白くない。反対に、みんな敵なら、生きるのは大変だ。しかし、生きるのに最もつらい問題は、一人住まいの老人のように「敵の嫁」すらいないことである

〈○月×日〉

同室のTさんは、75才になる元大工さんである。下半身不随。彼は、昼間は家族の付き添いがいるから安心してよく眠ってしまう。だから、夜になると眠れないという悪循環である。

彼は、夜中になると、眠れないのと寂しさとが重なり、何十回となく「看護婦さん」「看護婦さん」と大声を出す。ベッドには看護婦室への連絡用のブザーがあるからブザーを押せばよいのだが、彼はどういうわけか、看護婦にいくら注意されても、ブザーで看護婦を呼ぼうとしない。

同室の患者の人達は、こんな彼の行為に内心では相当な不満をつのらせているため、日中、誰一人として彼に話しかけようとしない。

内臓の病気は、全て一種の神経病だ。Tさんの夜中の騒ぎに、誰もが神経をいらだたせ、到底、話しかける気にはなれないのだろう。

しかし、こんな状態では、患者どおしお互いがダメになる。

〈○月×日〉

私は、人に対し「根に持つ」のが嫌いなタチだ。

私は、日中、TさんやTさんの家族の人達にどんどん話しかけ、Tさんには「昼間は起きていて、夜眠るのだ」「夜、眠れなくても、我慢しろ」と言ってやった。

Tさんは、私の話しかけには、何回も涙を流し喜び、とうとう「私のいうこと」（夜中に大声を出さない）を聞いてくれるようになった。

これで、同室の患者さん達も、大分助かったに違いない。そして、夜中の看護婦さん達の「仕事」（彼を何十回となくなだめる）も、大分楽になったと思う。

人間、お互い年をとれば年をとる程、寂しいものである。お年寄りをいたわろう。

◎　医者と看護婦の格差を是正せよ

男にとって、時たまの鑑賞には美人の女がよく、時たま話し合うには頭のよい女がよく、そして生涯生活を伴にする相手は性格のよい女がよいことは、誰でも知っている

しかし、性格のよい女は、「獲る」ものではなく、「創る」（闘い取る）ものだということを承知している男は少ない

〈○月×日〉

所詮、生意気をいっても、私は、まだまだダメな男だ。

検査の結果データが悪いと、私の心はまるで沈んでしまう。私は本当にダラシナイ男だ。

病気は、心の病いというが、私の心を直すことが先決だ。明るく、明るく。

〈○月×日〉

しかし、この病院（東京厚生年金病院）は、なかなかの病院だ。完全看護の病院だが、看護婦さん達の教育は、非常に行きとどいている。それに、美人も多い。

〈○月×日〉

看護婦の仕事は、女性の仕事としては、最高だ。この仕事は、男じゃあまり好ましくない。美人の看護婦さんは悪くないが、それより問題は、看護婦さんの私達患者に対する「愛情」（姿勢）が問題だ。

愛情が問題といったって、男女関係の愛情のことではもちろんない。愛情の本質は、仕事に対する（患者に対する）使命感だろう。美人の看護婦さんにいやな顔で看護されるより、不美人の看護婦さんに心がこもった看護をされる方が、誰だって心がなごむ。

〈○月×日〉

看護婦は、私達患者にとって、ある意味じゃ医者以上だ。それにしても、医者と看護婦の社会的地位は、あまりにも開きがあり過ぎやしないか。看護婦の社会的地位を、もっともっと高めてもいいんじゃないのか。

ところで、大部屋の病室では、いろんなことがある。唸るような重病の人でも、費用の関係でなかなか個室には入れない。

勲章レースに参加している政治家や財界のお年寄の人達には、こんなことは分っちゃいないだろう。同室の皆さん、お互い、我慢しましょう。

◎こうすれば「ガン生命」は殺せる

人間を含む全ての生命は、誕生、成長、衰退、進化、退化、死亡を繰り返しているが、「ガン」も生命の一種だ。よって、ガンの「おでき生命体」が単なる「おでき」に退化したり、「死亡」（ガンがなくなる）することは理論的にあり得る

〈○月×日〉

しかし、政治家や厚生省の官僚は、一体、何を考えているのだろう。健康保険の目的は何であるか、ということだ。

国民健康保険は、赤字だ赤字だというが、大企業の組合健保は、みな黒字じゃないか。力のある健保組合じゃ、家族も全部タダにする以外、八方、いたれりつくせりのサービスだ。

こんなこと出来る大企業では、みんな六十才になれば定年だ。六十才迄の人は、そうそう私みたいに病気するヤツは少ないはずだ。

「政府管掌健保」（一般に組合健保に属さない中小企業が加入している）や国民健保は、弱者や高齢者の人達ばかりだ。ある意味じゃ、病人の「吹き溜まり」であるといえる。

赤字は、当然じゃないか。（大企業に属していた人も、定年をすぎると国民健康保険等に加入してくる）

〈○月×日〉

それに第一、医者の保険請求に対し、殆どノーチェック、つまり野放しなのが問題だ。組合健保の方は、組合の金を損したくないため、医者の請求を厳しくチェックしている。これは当然だ。

ところが、政府管掌健保や国民健康保険の方は、どうせ、自分の金じゃない（国家予算）から、どうでもいいようだ。

そう言えば、私は昔、銀行員だった頃、組合健保の保険証をもって医者に行ったら、医者の受付けが、いやーな顔をしたことを思い出す。医者の方じゃ、大企業勤務の患者は、やっぱりいいお得意さんじゃなかったんだ。


〈○月×日〉

ところで、うちの母親は、私の入院が「胆石」にしては大分長くなっているので、心配して女房に「ガンじゃないか」と話しかけるらしいのだ。

女房が「そうじゃない」といくら言っても聞かないらしいのだから、始末が悪い。内臓の病気は、誰しもがガンを心配するが、どんなガンだって「絶対死ぬ」ということはありえないのだ。10％だって、治る確率の方を考えればいいんだ。

ガンが恐いとは、「ガンが恐いと思う」ことが恐いのだ。女房の親父は、今七十五才になるが、六年前、前立腺ガンが他の内臓に転移していたので手術を中断し、二ヶ月程度の入院で済ませ、その後は、全くの健康体だ。

彼は、ありとあらゆる病気を経験してのり越えてきた人だから、彼の心にはガンはあるが、ガンの恐怖はないのだ。本当に幸せな人だ。私は、最近つくづく彼が立派な人だと感じている。

〈○月×日〉

私のところには、毎日毎日、見舞客があるが、それらの為か「入院態度が悪い」と看護婦さんに叱られた。私自身、本当にそう思う。看護婦さん、同室の皆さん、本当に申しわけない。以後、注意します。

ああー、それにしても、早くこのクダ（胆汁を体外に出す為のもの）を取ってもらえないものか。

◎人間は「楽観」で出来ている

全ての事柄には、苦しみの中に楽しみがあり、楽しみの中に苦しみ

人は、自分が「存在」（生きている）する以上、「楽観」（究極的には、楽しい）以外に成り立っていないことを知るべきである

〈○月×日〉

もう直き、入院して一ヵ月になる。未だ退院の見通しがたっていない。ああー、自由が欲しい。私のような入院患者は、受刑者と全く同じじゃないか。


〈○月×日〉

今日は、本当にうれしい日だ。やっとクダを取ってもらえた。フロにも入れた。退院も間近のはずだ。

事務所の職員達も、みんな頑張ってくれた。お客さん達には、大分迷惑をかけてしまった。女房や母親も大変だったに違いない。みんな、済まない、有難う。

〈○月×日〉

それにしても、今の日本は、政治、経済、社会、全てが出鱈目じゃないか。ロッキード裁判にしたって、全くの出鱈目だ。

私の闘いの最終相手は、多分、田中角栄氏になるはずだ。彼は、善か悪か。それにしてもたいした度胸だ。なんだかんだ言いながら、「自分の力」（政治力）をますますつけている。しかし、彼の発想では、日本はもう良くはならないだろう。

よし、私は彼を「救い」（ロッキード裁判を法的に無罪にする為の理論構成をする）つつ、彼の上にいこう。それが、私の勝利の道のはずだ。ロッキード裁判の動きも、大分大きくなって来たようだ。さて、ロッキード裁判には、この私的アイディアが必要のはずだ。退院したらおもしろく闘ってやるゾー。

〈○月×日〉

私はこの入院で、大分、勉強が出来た。大変な社会勉強だ。しかし、社会勉強より一番勉強になったのは「自分自身」（自分とは何か）が、大分わかってきたことだ。これは、「神様」（宇宙の法則）のお陰だ。神様、有難う。

〈○月×日〉

マーフィー氏とエマーソン氏は、本当にすばらしい人だ。アメリカには、何だかんだ言ってもこんなすばらしい人がいるのだ。果たして、日本に、こんなすばらしい人がいるのか。私は、まだまだ、マーフィー氏とエマーソン氏から学ばなければならない。

◎〝ずるさ〟は長生きの秘訣

自分に正直過ぎる人は、長生きできない。人が、この世で長生きしようとするには、程々のずるさを身につけることが肝要である。

〈○月×日〉

今日は、えらいショックだ。私と都内の某商業高校の同期生で、F銀行に一緒に入ったN君が、昨日の朝3時亡くなったというのだ。今日が通夜で、明日が葬儀だが、私は入院中の身で行けないから、代わりに私の事務所の職員を行かせることにした。

彼は、学校の成績がずうーっと一番、卒業の時は産業教育振興会長賞をもらったはずである。彼のお母さんは、会う度に「もし、生活が苦しくなかったら東大に入ってもらいたかった」と、言っていたっけ。

私は、人のことはあまり気にしない方だから、彼にライバル意識をもったことは全くなかったが、どうやら彼の方では、私に対し相当なライバル意識があったらしい。

その理由というのは、高校三年の時、某大学主催の全国簿記実力コンクールで私が優勝し彼が三位であったことや、F銀行入社時の勤務先が、私が本店営業部、彼が丸の内支店への配属であった為らしい。

その上、私が銀行を辞めてしまい、まあなんとか人も使ってやっていることを、彼は羨ましく思っていたようだ。

そう言えば、私が入院するチョッと前の8月下旬、私は、駅で、偶然、何年か振りに彼に出会った。私には連れがいたから挨拶だけで済ませたが、今、考えてみると、神様が彼との「お別れ」に出会わせて下さったのかも知れない。N君よ、ご冥福を祈る。


〈○月×日〉

今日は、部長先生の検診が済み、とうとう担当の先生から退院が許された。ああ、本当にうれしい。明日は家に帰れる。バンザーイ。

バカ、自分の家のことばかり考えるな！　N君やN君の家族のことも考えろ。今日は、N君の葬儀の日じゃないか。

私の実際の気持を言うと、私はN君との種々なる因縁と、私自身の生の喜びに対し、今晩は眠れそうもないのだ。それは、私が9月3日の夕方倒れ、4日の朝三時手術成功で、今日、社会復帰が決まったのだ。

一方、彼の方は、10月3日の夕方倒れ、4日の朝三時に死亡したのだ。丁度、一カ月のずれである。しかも、彼は、今日、社会から完全に離脱したのだ。

ああ、人生とは、何と因果なことか。私は、彼の分まで頑張らねばならない。N君、本当に安らかに眠りたまえ。

第五章　地球も人間も法律も「理論」である

もし、税務署があなたに「国税庁の指導」（法律解釈の指導を税務署が国税庁から受ける）のもと、税金を誤ってかけてきたらどうなるでしょうか。

あなたは、「当然」本来は、払う必要がない税金だから、そのための金はない。といって、例えあなたが裁判所に訴えたところで、今日の「裁判官の頭」（行政官僚のロボット）では、99・9パーセントあなたを勝たしてはくれない。

まして、裁判するには、時間も金もかかる。あなた自身で所有する不動産を担保に銀行から借金をしようとしても、その不動産には「税務署の差押え」が入っているから、銀行の方ではあなた自身を警戒し、金を貸してはくれない。

中小企業の一部経営者の人達は、こうした「国税庁の恐喝行為」によって、事業を倒産させられているのです。

◎「法律の心」を誤って読む大蔵官僚

全ての法律には、その法律の趣旨・目的がある

裁判官・官僚・弁護士が法律解釈を誤るのは、彼らが条文の字

句・言葉尻にとらわれ、「法の精神」（法律の趣旨・目的）をよく理解していない為である。

〈○月×日〉

ああ、一ヵ月振りのわが家だ。神様は私を助けて下さったのだ。仕事は山ほどある。明日は、N君のところに線香をあげに行こう。

〈○月×日〉

今日は、早速、大宮税務署からの「呼び出し」（大宮税務署が違法課税をした為、それに対し異議申立てをし、それについての事情説明）に応じ、同署にお得意先のA氏と同行した。税務署の担当官も、上席調査官（係長クラス）も、統括調査官（課長クラス）も、法律を心で読めていない。

租税特別措置法の「別の取扱」（A氏が税金を払わないでよい事例規定）も、法律を間違って読んでいる。だから、彼らはA氏にかけた4百万円の所得税は、正しい課税であるという。

どうやら、役人は、法律を字句と言葉尻だけで読んでしまうようだ。法律を心で読まないから、字句・言葉の解釈を誤り、大きな間違いをしでかすのだ。こんなことは、多分、他にも相当あるんじゃないか。

〈○月×日〉

今日もA氏の問題で、国税庁に行って来た。

F資産税課長補佐と一時間ばかり話し合ったが、全くらちが明かない。しかし、大きな収穫は、国税庁全体が「この問題」（A氏の課税問題）と同じ問題を全てに課税していることが、F氏からはっきり確認できたことだ。

私としては、渡辺大蔵大臣から直接確認をとる必要があるから、今日、大蔵省の方に内容証明、自宅の方には手紙を出しておいた。これから、おもしろくなってくるぞー。

◎ 大蔵大臣を手紙と内容証明で威す

闘争には、苦しい局面と同程度の、一人でほくそ笑む楽しい局面が必ずある。逆に言えば、楽しい局面がない闘争は、八年もの永続は

不可能であり、結果は負けだ

〈○月×日〉

さて、今日あたり、大臣の渡辺ミッちゃんは、ビックリしているだろう。なにしろ、私は、昭和五十五年四月、「一般消費税」（間接税）に代わる代案として「四兆円の資金調達税」（現在なら十兆円以上）と題する私のアイディア原稿を、当時の大平総理・竹下大蔵大臣・主税局長・国税庁長官等に送った。その時、税理士出身の一代議士に過ぎなかった彼（渡辺美智雄氏）にも送った。

そうしたら彼は、「政策の材料にする」として自筆の手紙と自分が掲載されている週刊誌を私に送ってくれた。

私は、彼から来た手紙に、大変感激したものだ。ところが、その手紙が届いた直後に衆議院解散だ。当時の私自身、「金権体質」がすこぶる強かったので、私にとっては、相当の大金を選挙資金として送った。その後直接、更に大枚を手渡した経緯がある。しかも、彼が一位当選した直後には、酒を持って議員会館へも行った。

〈〇月×日〉

ところが、渡辺ミッちゃんはその後「大きく出世」(大蔵大臣就任)したため、私など鼻もひっかけちゃくれない。それでも、「A会の新聞」(後援会新聞)だけは、今でもよく送ってくれる。

私は、一昨日、彼が私との経緯を思いだすよう、彼が私に差出した自筆の手紙をコピーし、手紙にそれを添付して送った。

彼は、今頃、えらいヤツとかかわりあったもんだと考えているに違いない。私の方も、まさかこんなことになるとは夢にも思わなかった。でも、あの時の私のイヤラシイ金権心や大金は、失敗であっても、無駄ではなかったんだ。

◎政治家には、金輪際、金を出すな!

もし、職業によって、公益度(国民全体に対する貢献度)の違いがあるとすれば、政治業と宗教業の公益度は、ヤクザ業程度で、医師業より低い

よって、政治屋と宗教屋には最低でも医師程度の税金をかけるべきである

〈○月×日〉

ロッキード裁判は、動きが大きくなってきた。田中角さんが、時効が成立し、法的に罰せられる事件であったかどうかはともかく、金を受取っていたことは間違いない。もし、角さんが金を受け取っていないとすれば、検察庁や三木氏（元総理）に逆裁判を起すのが当然である。ロッキード裁判は、全くのまやかし裁判なのだ。

ところで、「ワイロ」（贈収賄）と政治献金は、何処がどう違うんだろうか。実質的には、チットも変わっちゃいないんじゃないか。私だって、二年前、渡辺ミッちゃんや「社会党の元S代議士」（現在、代議士）に大金を出した。そして見返りの計算をしていた。

直接見返りを計算しない金など、私にとっては、せいぜい千円単位だ。よほどの金持ちなら、万単位の金もあるかもしれないが、金持ちは意外に金にきたないから分かったもんじゃない。

〈○月×日〉

渡辺ミッちゃんからは、とうとう何も言って来なかったが、今の日本の政治家などには、金輪際、金を出すべきじゃないんだ。政治家に金を出すなら、ショウちゃん（平井駅にいる昔近所だった浮浪者）にあげた方がよっぽどいい。

私が月に五～六回彼に手渡す千円札は安いもんだ。彼のあの喜びの顔と感謝の顔、私にとって、彼は神様だ。神様を大切にしよう。

〈○月×日〉

田中角栄氏は、自分の全財産を国民の為に投げ出せば、裁判は絶対勝てるはずだ。元総理の「金権欲」も間違っているが、元総理の彼を「刑事被告人」と「政界独裁者」に仕立てあげ、喜んだりぼやいたりしている全政治家・マスコミ・国民の心の方が間違っているんじゃないのか。

（※現在のリクルート事件は、十年前のロッキード事件とその本質は全く同じである）

◎「大臣の首切り要求」は誰でも出来る

マスコミは、「弱くなった権力者」（その時点では権力者ではない）は叩くが、「権力者」は永久に叩かない
何故ならば、彼らのみが、「最高権力」（一般に総理）に次ぐ「二番手権力」を永久に得る保証の道だからである

〈○月×日〉

今日は、斉藤建設大臣・鯨岡環境庁長官・渡辺大蔵大臣を罷免するよう「善幸総理」（鈴木善幸総理大臣）の自宅へ内容証明を出しておいた。

その他、準備は、着々と進んでいる。さあ、頑張ろう。


〈○月×日〉

「ロッキード田中裁判の本質と今後の展望を予測する」―五億円の授受はあったが、田中氏の完全勝利は近い―と題する原稿が、とうとう出来あがった。これは、我ながら大変な労作だ。原稿の発送事務を急がねばならない。

〈○月×日〉

さあ、今日で、私の一大勝負は全て終ったゾ。今日は、全職員早朝出勤で、国会議員全員と主だったマスコミ全部に、田中裁判の私の労作原稿と「三大臣罷免請願書」（鈴木元総理大臣宛）のコピーを発送した。全部で、千通の郵送だ。

コピー代や切手代も大変なものだが、これも仕方がない。でも、今日は職員達も、みんな勉強になったろう。文書発送の事務でもなんでもやる気になれば、出来るもんだ。出来ないと考えるから出来ないんだ。ところで、今度こそ、マスコミか野党の誰かしらは、何か言ってくるだろう。

〈○月×日〉

発送して今日で丸三日経ったが、今のところ、誰も何も言っちゃこない。十一月十一日の「裁判」（日照権・財産権裁判）の宣伝もしてあるんだから、何かしら言って来たっていいんだが。どうやら私の闘いの見通しは、大分悪くなってきたようだ。

〈○月×日〉

今日は、行政不服審査法で念の為、大蔵大臣と国税庁長官に異議申立てをしておいたが、こんな手では、気休めのようなものだ。

今日も一日、誰も何も言っちゃ来ない。これだけの「重大事実」をマスコミが取材しようとしないのは、どうしたことなのだ。

もう、大きな手は全て出しきってしまった。今の私にはこれ以上の大きな手が何もないんだから、戦況はますます悪くなってきたようだ。

〈○月×日〉

残された手は、他に何があるんだ。何もないじゃないか。誰の協力もないじゃないか。もう、見通しはまっ暗だ。マーフィー理論に逆行するが、思考が暗くなってしまった。

あと残された手は、結局のところ裁判だけか。でも、素人の私が、一人で裁判の公判をどうやって進めればいいというのだ。

◎ 裁判官は敵

裁判所が司法として行政から独立している価値は、「行政裁判」（国家と国民の法的争い）を正しく判定するところにある。今日の日本の裁判所のように、刑事裁判と民事裁判のみの「裁判能力」（これすら出鱈目判決が多い）なら、裁判所機能を市役所か福祉事務所に移管させるべきである

〈○月×日〉

とうとう、私が差し出した一千人の政治家や有識者の人達は、誰一人協力してくれなかった。さあ、明日が「本番」（裁判）だ。もう、この状態で頑張る以外、道はない。

しかし、けっこう、明日の法廷場所にマスコミや協力者が、来てくれるんじゃないか。でも、この確率は少ないかな。まあいい。考えたってしょうがない。本番（裁判）、本番（裁判）のみだ。

〈○月×日〉

ああ―、もう―、今日はどうにもならない。何が何だかさっぱり分からない。今日の私は、一日中、興奮と恐怖の連続だ。結局、もう全て、これでおしまいなのか。

それにしても、F裁判長は何というヤツなんだろう。あんな裁判のやり方があるのか。あれじゃ、私の方が刑事被告人じゃないか。アイツは、斉藤（被告人・建設大臣）とグルじゃないのか。私に対し、全て誘導質問による出鱈目公判だ。やっぱり、U弁護士が言っていたことが、間違いなかったのか。

でも、今日、夜遅くK弁護士が会ってくれたのは、すごく有難かった。K弁護士が会ってくれなかったら、今日の私は、果たしてどうなったか分かりやしない。本当に、彼はいい男だ。

私は、前に、彼と完全に手を切り、U弁護士一本に乗りかえようと考えたことがあったが、本当に破廉恥な考えだった。

しかし、この裁判で勝ち目は全くないのか。死ぬか、気が狂うか、進むか、の三つのうち一つだ。

進むには、道があるのか。今晩は眠れそうもない。M子（女房）よ、マーフィーよ、助けてくれ―。

◎ 裁判官は、憲法も民法も解っていない

理論とは、事実を一つ一つ拾い集め、それらを結晶させたものである

〈○月×日〉

今日は、私にとって歴史的な日だ。昨日は、裁判所に事務所の職員のうち二人だけを同行させたが、彼らの意見は大変参考になった。彼ら二人の見方は、それぞれが違い、私よりは正確な見方だ。

昨日と、今日、今日の場合は夕方までだったが、私は何であんなに、動揺したのだろう。私は、本当に駄目な男だ。

私は、午前9時に事務所に出勤すると、すぐに彼ら二人からもう一度、昨日の裁判進行の状況を詳細に確認した。その後、事務所に到底いたたまれず、街をフラツキ、喫茶店でF裁判長に対する怒りを、メモに走り書きしたんだが、それでも、私の動揺した心は、全く治らない。

私は、マーフィー（「幸福はあなたの手で」産業能大刊）に縋る以外、もう本当に、どうし

ようもなかったんだ。

ところがどうだ。私は午後6時頃には、マーフィーと「神」（宇宙の心の法則）に、その喫茶店で夢中になってしまっていた。そうしたら、本当に「駄目な男」の私に、だんだんと勇気がでてきた。

そうすると、今度は、F裁判長の、法的に出鱈目な裁判進行問題も、法律のアイディアもどんどん湧いてきたんだ。これには本当に驚いてしまった。

私は、その喫茶店を引き挙げる午後9時頃には、不安も動揺も全くなくなってしまっていた。よし、明日から、F裁判長と全面戦争だ。

〈○月×日〉

今日、お陰で、本当に一日中冷静だった。F裁判長は、法律、特に民法と憲法を全く知らないということが分かった。

今日一日で闘いの構想は大分進んだ。アイディアは、どんどん湧いてくる。神様、ありがとう。マーフィー様、ありがとう。

◎ 東大卒は、頭が良いか？

知識は、理解力・記憶力・総合力（創造力）が伴って真の価値がある。東大卒の人が陥る欠点は、社会で最も有能な「頭のよさ」とは、「知識」の総合力であることを、未だ承知していないことである

〈○月×日〉

U弁護士とは、取引を止めることにしよう。彼は、東大出の有能な弁護士だ。プライドもあろう。微々たる金で、私と接触することは、彼も苦痛かも知れない。

そう言えば、裁判（十一月十一日）前に、念の為、私はU弁護士とK弁護士を訪ねたのだが、あの時のU弁護士の私に示す態度は、まるで敵に対してのようだった。私は非常に鈍感だがそれを感じた。しかし、私は、この一年間、本当に彼に世話になった。裁判書類を私が独自に作る前迄は、私を本当に勇気づけてくれたのは、彼が一番だった。

私は、彼に感謝すべきなんだ。彼ならいずれ、私の事を分ってくれる時がくるはずだ。それ迄は、盆暮の付き合いだけにしておけばよい。

〈○月×日〉

法廷で、裁判官の席が原告や被告の席より一段と高いのは、裁判官が偉いんじゃなく、裁判官の職務が偉いんだ。

偉い（高い）仕事をしないで、出鱈目な裁判の仕事をしているF裁判官が威張っているのは、どうも納得出来ない。

◎「役所の恐喝行為」にみるヤクザ以下の実態

組織、特に国家組織は恐ろしい。

本来、一つの行為であるはずの「恐喝行為」（本件A氏の税務問題のような行為）も「殺人行為」（戦争）も、それら職務をバラバラに分離し、そこには、何人に「罪の意識」も生じさせない

〈○月×日〉

お役所仕事というが、大宮税務署もデタラメだ。徴収官は、私のお客さんのA氏に「四○○万円支払え」と脅してきたが、これではヤクザの恐喝と全く同じじゃないか。

私は、すぐ上司の統括徴収官に電話を入れ、逆に脅してやった。そうしたら、統括のバカ徴収官は、私の書類（意義申立書）を見て、「先生の主張が正しいことは、素人の自分でも分かるが、どうせ裁判迄いかなければ取消しにならないだろう」「だから、それ迄の間は、四○○万円支払って戴くか、担保を付けて戴かなければ差押えざるを得ない」と放言した。

どうやら、A氏の不安と動揺は、ますます高まってしまったようだ。私に対する不信感すらある感じだ。

しかし、こんなことで負けてたまるか。Aさんよ、心配するな。差押えなんか、させやしない。私が守ってやる。私に、ついてくるがいい。

〈○月×日〉

今日、ようやくにして「第二準備書面」（日照権裁判の答弁書）が完成し、東京地方裁判所に発送した。

この書類で、十一月十一日公判でのF裁判長の一言一言を全て法的に論破してある。「法律のアイディア」（憲法・法律を総合的に勘案させた正しい法律解釈）も盛り沢山だ。

これは、学術的に、かなりの意義ある裁判書類のはずだ。F裁判長はビックリするだろう。サァ、これからは、おもしろくなっていくゾー。

参考

「徴収官」……税務署の組織を大別すると、「課税部門」（税金の額を決定する職務）と「徴収部門」（決定した税金を徴収する職務）に分けられる。税務署の効率を考慮すれば、こういった分担もやむを得ないが、そこには、種々に問題が生じる。

◎　税理士が国税庁長官を訴える

どんな職業にも、分業によってその業務の能率を高めるプラスと、その業務の根本について大きな誤りを犯すマイナスが存在する。

よって、どんな「業界」（役所を含む）でも「素人の力」が参入しな

い限り、そのマイナスは正されない

〈○月×日〉

ところで、大蔵大臣も国税庁長官も、その後、何も言ってこない。得意先のAさんは、税務署の税金の取立てに、不安がますます高まっているようだ。

よし、Aさんの代りに、私が原告となって裁判をやってやろう。Aさんよ、アンタは裁判なんかやらず、私に黙ってついて来ればいいのだ。アンタや弁護士じゃ、この問題に勝てっこない。

〈○月×日〉

今日は、渡辺大蔵大臣とＷＳ国税庁長官の個人二名を被告とする、税に関する訴状を、東京地方裁判所に提出した。これも、前代未聞な裁判だろう。

東京地裁の書記官は、私の訴状のなかで「原告自身、大蔵大臣である被告渡辺美智雄並びに国税庁長官である被告ＷＳの監督下にある税理士を職業としているが」と記載した部分を読みながら苦笑いしていたっけ。

どうやら、法律家の中で法律を一番知っているのは、身分的には一番地位が低い裁判所の書記官じゃないのかな。多分、これは真実だろう。

〈○月×日〉

さて、明日は、税の問題ではなく日照権問題で、午前と午後の「二回裁判」だ。もう、先日（11月11日）みたいに、私も動揺しないで、公判をうまくやれるだろう。

参考

「二回公判」……11月11日の公判で、F裁判長は、私が訴えた斉藤建設大臣と山本新宿区長を被告とする審理と、ＫＳ社長を被告とする審理は別にする為、一つの裁判を二つの裁判に分離した。これは、手続上は、合法である。

第六章　日本語と日本の法律は芸術品だ

私達日本人は、日本の国土に生まれ育ってきましたが、そこには何があるのでしょうか。「言語」（日本語）、「国」（日本国家）、「法規（憲法及び法律）「お金」（円）。これらは全て「物」ではなく、「日本文化」の基本であり「思想」です。

日本経済の発展は、「円の価値」を益々高めました。日本語は、漢字、平仮名、片仮名がバランスを保ち使用されていますが、このような例は外国語にはありません。近年、日本語を学ぶ外国人が急激に増加していますが、「円の価値」（日本経済）の高まりから照らし、こうした傾向は当然であると言えます。

私達には、アメリカのお陰（敗戦のお陰）で、すばらしい「憲法」（日本国憲法）がありま す。頭脳明晰な日本の官僚は、次々と「法律」を生みだしています。これら生みだされた法律が、日本の経済を更に発展させているのです。日本は、国土位置を始めとするあらゆる面で恵まれたすばらしい環境の国です。

このすばらしい日本でありながら、大きな落し穴は何か。それは、「憲法・民法・請願法・国家賠償法違反」の国家を形成していることです。政治家と官僚のエゴ・無知が上記法律違反に基づく「無責任国家」（国民には違法、外交では信義違反）を生みだし、「極限」（戦争・革命）に至らねば絶対に変りようがないという「大きな落し穴」を保持しているのです。

◎　裁判官は、冷血爬虫類?!

裁判官も「人の子」である。結局のところ、彼らがやる仕事は、（最高裁→法務省→総理大臣）の顔色をうかがい、「長いものには巻かれろ」（弱い者いじめ）の職務に徹している

〈○月×日〉

今日の裁判は、二つとも非常におもしろかった。F裁判長の私に対する態度も、前の裁判とは大分違っていた。

今度は私も「向う」（裁判官、被告の斉藤建設大臣・山本新宿区長側）のペースには全くならなかった。F裁判長は私に「書類（建設行政のあり方を書いた裁判書類）を返す」と言ったが、私の反論で、彼もとうとう引き下がった。どうやら、あれは、後に証拠を残さないために考えた自分（F裁判長）の方の責任逃れじゃなかったのか。彼も、私の怖さを、やっと認識したようだ。

それにしても、頭の堅い「ガンコな連中」（裁判官は三人）だ。案の定、KS社長に対する裁判は、審理を2月27日に引続いたが、斉藤建設大臣・山本新宿区長に対する裁判は、出鱈目判決を下した。よし、これは即時「控訴」(東京地裁の判決に不満があるから、その上級の東京高裁に訴えること)でいこう。

〈○月×日〉

昨日の裁判は、どう考えても全くの出鱈目だ。F裁判長も過去の裁判の最高裁判所の判決事例も、国家賠償法一条を全く出鱈目に解釈している。しかも、最高裁に至っては、三回も四回も、この国家賠償法一条の解釈に対し出鱈目な判例をだしているじゃないか。これは大発見だ。

昨日の公判で、F裁判長を始め三人の裁判官は、自分達の方が間違っているのが分っても、全く謝ろうとしない。最高裁は、三度も四度も、出鱈目な判例を出している。

そう言えば、東京地裁のトイレに「裁判官は冷血爬虫類」と落書きがしてあった。あの落書きは正論だ。あれは真理だ。

裁判官の常識は、大きく狂っている。心の狂った裁判官が、物事(法律)を正しく読みとれるわけがない。よおーし、最高裁と全面的に闘っていこう。

◎日本の責任者は、大蔵省課長補佐

税法など大蔵省関係の法律は、他の省庁関係の法律より一段と「秀れている」（矛盾・誤りが少ない）のは事実だが、それでも間違いが多い。

ということは、大蔵省以外の他の省庁の法律は「間違いだらけ」（矛盾だらけ）だということである。

〈○月×日〉

やったぞー。今日、得意先のA氏から、大宮税務署が四〇〇万円の税金を全面的に取消した書類が書留で届いたと電話が入った。

彼は、電話で「ありがとう」と、泣いて喜んでいた。ヤッパリ、私の完全勝利だ。我ながらスゴイことをやったものだ。

〈○月×日〉

大蔵大臣と国税庁長官から、私に実質同じ内容書類を別々によこしてきた。この書類はおもしろい。請願法五条を、全く出鱈目に解釈しているじゃないか。

それに、国税庁長官からの文書番号も、大蔵大臣からの文書番号も、「直審番号」(国税庁直接部審理課文書番号)だ。これは、国税庁に押しつけた、大蔵省の完全なる責任逃れの文書だ。

まあ、それにしても、渡辺ミッちゃん(大蔵大臣)には一片の良心があったようだ。A氏への課税面での要求には、私を「勝たせた」(課税を取消す)ものの、私の種々なる要求に対しては、「法的に回答する必要がない」と回答してきた。

さすが大蔵省だ。「法律」(請願法五条)の解釈を完全に誤った文書を、堂々と私に示すとは、大変、御立派だ。ツラの皮が厚い。

やっぱり大蔵省は、建設省や環境庁や東京地裁なんかより、ダンゼン上なんだ。しかし、さすがの大蔵省だって、私の法律知識には絶対勝てっこないだろう。


〈○月×日〉

今年の仕事は今日で終りだ。今年は、ありとあらゆる問題に命がけで闘ってきたが、得意先のA氏の税金問題では、一応有終の美が飾れた。

来年は、「三つの裁判」（①K建設社長に対する日照権裁判②建設大臣・新宿区長に対する控訴審裁判③大蔵大臣・国税庁長官に対する慰謝料請求裁判）で、日本国家と徹底的に闘わねばならない。

さあ、来年も頑張ろう。来年は、私の最良の年にしよう。

参考

大宮税務署異議決定書

主文

異議申立人は、租税特別措置法第三十七条第一項の表の第七号の適用をしないでした原処分の全部を取消すべきであると主張されます。

本件につき調査したところ、有限会社Aは、異議申立人を主たる出資者とする同族会社であり、同社の収益は専ら意義申立人らの労務に依存していること、新たに誘致区域外に取得した資産も従前と同様、有限会社Aに賃貸され、製造業の用に供されていること等の事実が認められます。

以上認定の事実に基づき、租税特別措置法第三十七条第一項の表の第七号の適用の是非を検討したところ、新たに取得した資産は、異議申立人において製造業の用に供しているものとして同号の適用があるものと認められます。

従って、本税及び過少申告加算税に係る原処分の全部を取消します。

(昭56・12・25付……本件は「法律解釈誤り課税」であったが、「大蔵省・国税庁メンツ」は税務署が「事実認定の誤りをした」として取消処分をした)

◎「諸悪の根源」は最高裁?

〈○月×日〉

「天皇以外、人は自分がやったことは、すべて自分の責任である」というのは日本人を含む万国共通の「法」(法律)である。ところが、日本の最高裁は、自分達の我欲の為、「役人だけは、自分がやったことを役所のせいに出来る」と国家賠償法一条を出鱈目に解釈しているが、これが日本の諸悪の根源だ裁判官も、弁護士も、民法第一条二項を全く出鱈目に解釈している。最高裁は、国家賠償法一条について何回も出鱈目な判例を出し、その上、大阪空港訴訟では、裁判所（司法権）の使命を全く放棄している。

そして、官僚の総本山である大蔵省は、憲法十六条（請願権）や請願法五条を全く出鱈目に解釈した文書を私によこした。

これで、日本の国は民主主義国家と言えるのか。これで、日本に、本当の「自由」（人権）が、果たしてあるのか。

よし、私の正月は、「今日」（一月一日）でおしまいだ。明日から、憲法を徹底的に読んでみよう。

〈○月×日〉

日本の裁判官も、官僚も、心がないから、憲法も法律も全く分かっていないのだ。もし、分かっていてやらない（正さない）とすれば、もっと悪質じゃないか。

人間を支配できるものは、「神」（宇宙の法則・法理）と「法」（憲法・法律）以外あり得ないが、これら法の支配を否定することは、全てを否定することだ。どっちにしても、法律家と官僚と政治家の無知そのものと言える。
　そうだ、マーフィーやエマーソンが言うとおり、人間にとって無知ほど恐いものはないのだ。
　それにしても、日本の憲法も、民法も、その他の法律も、私は部分的な法律の規定誤りについては発見しているが、全体的には素晴らしく出来ているもんだ。

参考

〈一〉大蔵大臣異議決定書
　上記異議申立人から昭和五十六年十一月二日付でされた不作為に対する異議申立について、下記のとおり決定します。

主文
異議申立てを却下します。
理由

異議申立人は、請願法に基づく請願に対して何ら誠意ある措置を示さないことは行政不服審査法に規定する不作為に該当する旨主張されます。

しかし、請願法に基づく請願をされた官公署は、これを受理し誠実に処理しなければならないのでありますが、その請願に対して回答その他具体的措置を講ずる義務を負うものではありませんから、当該請願は行政不服審査法第二条第二項に規定する「法令に基づく申請」には当たらず、これに対して何らの処分をしないとしても、それは同項に規定する不作為には該当しません。

従って、本件異議申立は、不適当なものとして却下を免れないものであります。

（昭和五十六年十二月二十五日付阿部数利宛）

〈二〉「国家賠償法一条」……公務員が、その職務を行うについて、故意又は過失によって違法に他人に損害を加えたときは、国又は地方公共団体が、これを賠償する責に任ずる。

〈三〉この規定の趣旨は、公務員が越権行為や誤った対応などで国民に損害を加えた場合、本来はその公務員の責任であって国の責任ではないが、これでは国民の被害が大変なので、国にも責任があると明文化したものである。従って、この法律規定は、公務員に対して「公務員の責任逃れ」(金銭負担は別)を許した規定ではなく、公務員が侵した行為で国民の損害をなくすようにする為に規定化したものである。

◎ 六法全書と辞書は信用できる

全世界の学問にあって、自然科学分野に比較し、社会科学分野が極端に立ち遅れているが、その原因は社会科学界の権威学者が自分のメンツに影響する為、新しい学説(真理)を絶対に認めないせいである

〈○月×日〉

私が今、信用できるのは六法全書と国語辞典だけだ。学者が書いた参考書を見たって、何の役にも立たないことがわかった。

今日は、大分はかどった。それにしても日本は、法的に何でこんなに大きく狂ってしまったのだろう。どうやら、日本の法律学者は、憲法を全く分かっちゃいないようだ。

〈○月×日〉

疑獄事件の元鬼検事で名を覇し、今、高名な弁護士であるK法律事務所から、私の弁護依頼に対する断りの電話が入り、書類をソックリ返してきた。

昔、名を売った正義漢も、功なり名を遂げれば今は金権弁護士だ。1カ月も経ってからの、証拠を残さない慎重な断り方は、さすが法律家であり、立派なものじゃないか。

彼だって、日本人じゃないか。今、日本人の全部が全部、金権人間だ。私だって、昨年の7月頃までは、かなり高度の金権人間だったじゃないか。誰だって、金と地位は、落っこちたくない。彼を批判しちゃあいけない。

〈○月×日〉

そう言えば、元大物通産次官のS氏にしたってそうだったし、公害問題の権威であるS教授だって、結局、何も言ってきやあしないじゃないか。

日本人は、みんな自分を売り込むことだけに熱心なんだ。国民がどうなろうが、国がどうなろうが、そんなことは自分には全く関係がないんだ。建前（発言）と本音（行動）を別々にしなければ、自分が損をするだけなんだ。

しかし、この1年半の闘争を振り返ってみると、政治家も、裁判官も、偉い人（有名人）も、みんな我々のような下々（一般国民）と、言っていることはともかく、やっていることはちっとも変わっちゃいないんだ。

私としては、これは全く意外なことだ。こんなバカをやる男は、日本じゃ私一人なのかも知れない。

◎「裁判官の切替え」は国民の権利

日本国家を一同業者組合である税理士会に例えれば、総理大臣は税理士会会長であり、最高裁長官は綱紀監査担当副会長であり、衆参両議院は、税理士会理事であり、役人は税理士会事務局職員である。すなわち、会（国家）の組織存続の目的は、会員（国民）全体の福祉向上であって、会長（総理）や理事（議員）、そして事務局職員

（役人）の出世の道具ではないはずである。

〈○月×日〉

いよいよ、日本国家と「全面戦争」（知恵戦争）だ。「下っぱ」（F裁判長）を虐めてもしようがない。私の最大の敵は、鈴木総理大臣と服部最高裁長官なのだ。

〈○月×日〉

今日は、鈴木総理大臣、服部最高裁長官、K東京高裁長官、O東京地裁所長の4人の自宅に、内容証明を出しておいた。

善幸（鈴木総理大臣）はどうか分からないが、他の三人は必ず見るはずだ。

民事訴訟法三十七条の適用によって、F裁判長以下三人の「裁判官の忌避」を申出たが、彼らは、これにどう答えてくるか。これは見ものだ。

〈○月×日〉

「総理大臣と最高裁判長官の法律違反を追及する」と題した「第三準備書面」（日照権裁判の

裁判書類）が、とうとう、今日、完成した。

これも、我ながら労作だ。学術的にも全て正しいはずだ。もう、日本で法律で私以上の男は、裁判官にも、弁護士にも、学者にも、大蔵官僚にもいやしないはずだ。

角さん（田中角栄氏）は、自分が「法律日本一」と言っているみたいだが、彼でも私に勝てるわけがない。


〈〇月×日〉

昨日はく田中・福田・三木の元総理、飛鳥田・佐々木・竹入・田川・田の野党委員長、衆参両議院の正副議長4氏、坂田法務大臣の13氏の自宅に、私の労作（第三準備書面）を送り、かつ内容証明を送っておいた。

彼ら13人は、善幸と服部最高裁判長官の次に、私のこの問題に責任があるはずだ。さあー、やることは色々ある。明日は、「準々責任者（昨日発送以外の者）」三百人への発送だ。


〈〇月×日〉

今日は、マスコミ幹部百人を含む、日本の政治・行政・司法・経済の権力代表三百名に

「私の労作」（①総理大臣・最高裁長官の法律違反を追及する②国家改革協力のお願い③大新聞社長宛質問状）を送った。彼らのうち、誰か一人ぐらい「良識の人」がいるはずだ。

参考

一「民事訴訟法三十七条」……裁判官について裁判の公正を妨ぐべき事情あるときは、裁判当事者は之を忌避することができる。

二「第三準備書面」……①「法律」「国家・国民」「民法・請願法」「裁判」の本質②「政治と三権分立」「主権在民」の本質③自由・基本的人権の本質④裁判と公権力行使の本質⑤公務員の法的責任の本質⑥最高裁の憲法及び法律違反を追及⑦判決文の反論と国家賠償法一条の本質⑧裁判官忌避と東京地裁の責任追及⑨行政・司法公務員の基本姿勢の追及、などが記載してある私の裁判書類です。

◎ 最高裁は、三流官庁

新聞は、建前の投書を好み、本音の投書を嫌う。何故ならば、建前の投書は新聞権力にとっても読者にとっても、毒にも薬にもならないが、本音の投書は、読者にとって強力な薬になる反面、新聞権力にとっては、強力な毒薬になる危険性があるからである。

〈○月×日〉

もう、日本は国家改革をする以外、他に道はないはずだ。貿易摩擦、行政改革、財政再建等、どうせ今のままじゃ何一つ出来っこない。（この記述は、今から七年前のものであるが、現在これらの問題は、更に深刻になっている）

日本は、私を必要としているはずだ。私の闘いは、神の特命だ。そう言えば、昨年の六月頃、私が朝日新聞の読者欄に投稿した「国家改革」を、今日、私一人でやるようになるとは、まさかあの時は想いも及ばなかった。でも、潜在意識（神）は、全てを承知しているものだ。

〈○月×日〉

今日は、服部最高裁長官の代わりとして、最高裁判所民事局から、法的に出鱈目な文書が、私宛に到着した。

組織印だけで、発信責任者が決まっていない文書なんて、法的にどうなんだろう。やっぱり、今の最高裁は三流官庁なんだ。逃げ方にしても、大蔵省の方が「堂々」（大臣の発信）として可愛いもんだ。最高裁のやり方は、非常にこすっからい。しかし、この出鱈目文書も、何かの手に使えるだろう。

〈○月×日〉

それにしても、F裁判長ら三人の裁判官の忌避申出に、O東京地裁所長は何も言ってこないのは、本当に信じがたいことである。

明日の東京地裁の「日照権裁判」（被告K建設社長・裁判官Fら三人）は、スッポかそう。法的に、出鱈目な裁判官のもとで裁判を受けても意味がない。私のスッポかしは、法的に正しいはずだ。

◎活字もロクに読めない東京高裁判事

行政官僚の退官後には、政治家、公社・公団、大企業役員など、華々しいポストが待っているが、裁判官の行末は、少しでも高い叙勲を夢みる公証人か弁護士か年金受給者だ。だから、みんな地位にしがみつく為、「老害腐敗化」(高裁判事は高齢者ばっかり)となる

〈○月×日〉

今日は、「税の裁判」(被告渡辺大蔵大臣・WS国税庁長官)が、東京地裁で行われた。裁判長のMさんは、人物的にはなかなか立派な人に見受けられた。彼は、私の訴訟に、大分困っていたようだ。

彼は、私の裁判の前に、台湾人の元日本兵訴訟の判決を下したようだが、沢山な傍聴人だった。私は、てっきり私の傍聴人と思って一時喜んだが、そうじゃなくて残念だった。

それと、民事二十六号法廷は、特殊な裁判が多いようだ。入口の裁判表示には、私たちの裁判だけ、原告、被告の名前を「阿部・渡辺他一名」とし、苗字だけで名前を記載していないのは、裁判所にちょっと裏があるんじゃないか。

ところで、彼ほどの立派な裁判官であっても、今日の台湾人元日本兵訴訟の判決は全く出鱈目じゃないか。この判決文を法的にトコトンやっつけて、私の裁判を進めていこう。

〈○月×日〉

しかし、今日の「東京高裁の判決」（斉藤建設大臣・山本新宿区長への日照権問題での控審）は、一体何だ。裁判長のKは、本当にヒドイ男だ。東京地裁のF裁判長よりもっと悪い。

あの男は、活字もロクに読めないいんじゃないかな。あれが、地裁の裁判官より身分が上だとしたら、世の中、全く狂っている。どうやら日本の裁判官は、地裁、高裁、最高裁へと、上へ行けば行く程、悪くなっていくようだ。

やっぱりそうだ。一番悪い裁判官は、服部最高裁判長官じゃないか。彼は、私からいろんな面で逃げているじゃないか。法の支配を全く知らない男が日本の最高裁判長官じゃ、もう、日本はどうにもならないだろう。

◎「立派な裁判官」もこうして埋没する

「法」（法則・神）は人を常時裁いているが、人は人を裁けない。
だから、法律（裁判官）が人を裁く以外にない。
裁判官は、「金権メンツ」の職業ではなく、高邁なる思想（憲法・法律を総合的に正しく照らし判断）の職業である

〈○月×日〉

日照権裁判では、斉藤建設大臣に三人、山本新宿区長に一人、K建設KH社長に一人の合計五人の弁護士がついている。うちの職員の話によると、昨日の東京高裁の法廷内で、建設大臣側の弁護士や新宿区長側の弁護士が、傍聴に来ているK建設KH社長の息子と親しく話をしていたという。

とすると、どうやら、斉藤建設大臣も山本新宿区長も、この裁判の責任を全てK建設に押しつけていることになる。全く頭にくる話ではないか。

〈○月×日〉

今日は、「税の裁判」の第二回目の公判があった。M裁判長は、とうとう今日の公判で「考えさせてくれ」と言った。

私は、「先日」（第一回公判後）、大蔵省・国税庁及び台湾人元日本兵裁判の判決をトコトンやっつけた書類を提出しておいたが、それを読んだ彼は、自分の法的無知と勇気のなさを、恥じているのだろう。

自分の無知を、無知と正しく評価し、それに基づく行動をとれば、それは全く無知じゃないはずだ。立派なすばらしい裁判官なのだ。

大蔵省側も、今回の私の裁判には相当熱の入った答弁書を出してきたが、私はこの答弁に対し、法的に全て切り返してしまったのだ。大蔵省側の弁護士も、私の切り返しに対し、「反論の余地はない」ということである。さすが、天下の大蔵省だ。デタラメ建設省とは大分違うようだ。

私には、もう、M裁判長が勇気を持ってくれるよう、神に祈る以外はないだろう。まあ、それにしても、今日の裁判は大成功だった。

◎総理大臣の旨味は「無責任」にある

戦前も、戦後も、日本の総理大臣は、天皇を別にすれば「席次一位」（権力・目立ち一位）のポストである。「厚顔無恥な人間」（政治家は九九パーセント）なら誰でもやりたいポストである。何故ならば、その席には「責任」（万一の場合降りればよい）が全くないのだから

〈○月×日〉

私は、先日の東京高裁のK裁判長の判決が、あまりにも法的に出鱈目なので、この事実を鈴木総理、服部最高裁長官、K東京高裁長官、坂田法務大臣、飛鳥田社会党委員長、竹入公明党委員長、佐々木民社党委員長、土光臨調会長、朝日新聞社長、読売新聞社長、毎日新聞社長の十一人の自宅に内容証明郵便で送ったが、今回も誰も何も言ってこない。

この人達は、実質的には、日本国家における各部所の責任者のはずだ。にもかかわらず、「法否定」（法律違反）を見逃そうとしている。

本当に、日本の偉いセンセイ方は、何を考えているのだろう。

〈○月×日〉

東京地裁のMさん（裁判官・すばらしい人）だって、地裁の一裁判官に過ぎない。これだけの大裁判を、私の主張どおり、自分の一存で正しい判決を出すことは、ヤッパリ難しいかも知れない。

〈○月×日〉

もし、M裁判官に期待できないとすれば、どうやら、これでおしまいなのか。もう、私の方には、勝ち目は全くないのか。

しかし、馬鹿げた話だ。一番悪い男は、善幸（鈴木総理）か、角栄（田中元総理）か、服部高裁長官か。それとも、マスコミの連中か。果たして誰なんだろう。

ただ、ここで言えることは、一番いい想いをしている男は、内閣総理大臣のポストにすわっている善幸であることだけは間違いない。

第七章　「お上」はいらない?!

日本の天皇制は数千年の歴史があります。私達のこの日本は、天皇制のお陰で国民相互がうまくまとまり、非常にすばらしく発展してきたのです。

何しろ共産党議員の人達にしても、建前的には天皇制や自由主義陣営国家を否定しているものの、それは彼らが自分の議員資格を維持する為の方便に過ぎないのです。

日本人の全ては、「自分の金儲け」（地位・メンツを含む）をうまくやり、少しでも「天皇の身分」（地位上は神の身分・この身分は何人も侵せない）に近づこうと努力する。

言いかえれば、戦前も、戦後も、この日本には「思想対立」が、実質的には全くない。だから私達の日本は経済的には発展するのです。

しかして、このすばらしい日本に、それでもなお存在する落し穴は、果たして何なのだろうか。

すなわち、第二次大戦の敗戦に引続く今日の「世界的孤立」（日本とアメリカの戦争方向）は、何に由来するのでしょうか。

それは、天皇制を正しく運営しない社会、すなはち、この「思想なし社会」（法律違反や思想など、二の次三の次で、穏健的に身分競争のみを思考する社会）に陥ってしまったからです。

本来、日本の天皇制は、すばらしい制度です。私達は、この辺でもう一度、私達自身の向上心とこの天皇制、そして「国家のあり方」（法支配の社会＝正しい思想支配の社会）について考えてみる必要があるのではないでしょうか。

◎偽善にたけた与野党政治家の内幕

人は、私達庶民であれ、政治家であれ、己のおかれた立場の中で、どれだけ「最善の努力」（最善の改革）をしたかによって評価されるべきである

とすれば、ソ連のゴルバチョフ書記長は、世界政治史の中で偉大な歴史的政治家の一人だ

〈○月×日〉

ところで、先月、政界の方に若干動きがあったので、私は、自民党ニューリーダーのN、民社党委員長のS、民社党元委員長のK、元総理大臣のFに、再三にわたり手紙を差し出したが、みんな黙殺だ。

みんな、自分が可愛いだけなんだ。言うこととやることとは全く逆なのだ。「国」（国民の幸福）のことなんか、誰も考えちゃあいないんだ。

〈○月×日〉

社会党委員長のAにしたって、私に丁重なハガキをよこしはしたが、野党第一党の責任なんか、何一つ考えちゃあいないんだ。

ハガキの文面は、全く責任逃れのマト外れだ。今の社会党じゃ、政策面と行動面で二重人格的になるのは当然だろうが、それにしてもひど過ぎる。（この記述は、今から七年半前の私自身の記述です。現在の思考は、日本の政治家の中では、A氏は立派な政治家の一人であったと考えています）

〈○月×日〉

財界の連中にしたって、全く出鱈目じゃないか。マスコミは、行政改革のDを「国民的英雄」とはやしているが、笑わしちゃいけない。

経営の神様のMにしたって、行革フォーラムのHにしたって、全く同じだ。私は昔、MやHを尊敬していたんだが、今度は失望させられた。結局のところ、みんな、自分を売り込むだけじゃないか。

◎マスコミは「正義」を嫌う

マスコミは、スキャンダルを好み、正義を嫌う
何故ならば、この世の真の社会正義とは、権力エリートのカメレオン機能をあばくことであるからである

〈○月×日〉

マスコミはどうなんだ。私は、朝日、読売、毎日の三大新聞社長を初めとするマスコミ関係一〇〇人の自宅に、再三、手紙や書類を送ってきたが、みんな黙殺だ。

みんな、何を考えているんだかさっぱり分りゃしない。あれで、何が報道の正義だ。

〈○月×日〉

最高裁の十五人の判事にしたって、弁護士会長にしたって、税理士会長にしたって、みんな、自分の使命を全く果たしちゃいないじゃないか。

これで、何が法の支配（裁判官の使命）だ。何が社会正義（弁護士の使命）だ。何が納税義務の適正実現（税理士の使命）だ。

みんな、自分たちの地位を守るだけじゃないか。みんな金権人間じゃないか。そんなヤツラが、どうして角栄の金権を責めることができるだろうか。


〈○月×日〉

しかし、私として、他に打つ手はないもんだろうか。もう、これでおしまいなのか。神（潜在意識）よ。どうか私に進むべき道を教えて下さい。

◎最高裁をブッ潰せ！

法律の「解釈誤り」（法の真理が左右明白な場合）と法律の「解釈

相違」（法の真理が左右どちらにもとれる場合）とでは、似ているようだが、ミソとクソ程の違いがある
日本の最高裁判事は、このミソとクソの判別すらつかない低能なる権力機構の一員である

〈○月×日〉

今日は、久しぶりに、うれしい日だ。

裁判官弾劾法という法律がある。これは、一国民の私からでも、訴追申請をすることができるということが分かった。

この法律と、二月四日付けで私宛に届いた最高裁民事局からの文書を法的に解剖すれば、新しい手になるはずだ。

私は、今日は、このことが分かったので非常にうれしい。これで、敵との闘いは、まだま だ進めることが出来る。この闘い方で、日本の裁判所は壊滅だ。

しかし、我ながら法律知識はすごいと思う。やっぱり、潜在意識（神）のお陰なんだ。神様、本当に有難うございます。

〈○月×日〉

最高裁は、司法権の最高機関であるが、最高裁の連中は、自分の仕事の責任を全く承知していない。だから、私に、法的に出鱈目な書類をよこしたんだ。

やっぱり、服部最高裁長官は、日本の憲法を全く知っちゃあいないんだ。憲法を知らずして、何が法の支配だ。さあ、これからがおもしろくなりそうだ。

〈○月×日〉

とうとう、服部最高裁長官に対する請願書と、古井裁判官訴追委員長に対する請願書が、完成し今日発送できた。

私は、これで日本の「立法権」（国会）と司法権（裁判所）の全てを法的に「やっつけた」ことになるはずだ。一番強かで一番悪いヤツは、行政権（内閣）の善幸（鈴木元総理）だから、善幸をやっつけるのは、一番最後にもっていこう。

〈○月×日〉

文書の大量発送は、今日で五回目だ。もう、敵側の反応を期待したってしょうがない。まだまだ、打つ手はいくらでもある。もう、この日本は、私の力で「革命」(理論的平和革命)をする以外、道はないはずだ。さあ、次の研究だ。

◎検察庁は「時の総理」の万年道具

強者は、弱者のように凶悪事件を犯す必要性が全くない。強者が犯す知能犯罪は、警察・検察への圧力を通じ民事事件として処理させることは、いとも簡単である。

民事事件は、裁判戦術、弁護士費用の点で金のある方が勝つ。よって強者は益々太る

〈○月×日〉

刑事訴訟法という法律がある。この法律の第一条では、刑事裁判の目的は「公共の福祉の維持」と「犯罪者の基本的人権の保障」を全うしつつ「事案の真相」を明らかにすることである。と規定されている。

ところで、今の「田中ロッキード裁判」は果たして、公共の福祉につながっているのだろうか。公共の福祉とは「全国民の幸福」のことのはずだ。

〈○月×日〉

検察庁法という法律がある。この法律の第四条には、検察官の職務は「公訴」が目的である、と規定されている。

公訴とは、検察官が全国民を代表して、裁判所に訴えることだ。

今日、日本の全国民は、検察官を含め全て金権人間だ。金権国民が、元総理大臣である超金権人間の田中角栄氏を訴える資格が、果たしてあるのか。

それに、第一、裁くべき裁判官の方が、角さんとドッコイ・ドッコイの金権者なんだから、彼を裁けるわけがないじゃないか。

どうやら、私は民事事件だけでなく、刑事事件でも、法律大家になれるぞ。もう、私は法律知識では誰にも負けないはずだ。

〈○月×日〉

いよいよ、クライマックスが近づいてきた。裁判官訴追委員会の方からは、その後、何も言ってこない。

一応、期限を待って、最高裁全判事の弾劾へと進めて行こう。

◎敵は多いほど面白い

善悪・功罪は、「自分の心の中」のみにある

例えば、自分がすばらしいと思えた本を人に「善意」（相手も学ぶ価値があり、プラスになると思い）で寄贈した場合、受ける側は人によっては寄贈者との競争心が先行し「いいかっこしやがって、チキショウ」となる

すなはち、その人にとっては、寄贈者側の善行は「悪の行為」なのである

〈○月×日〉

革命の構想は、着々と進んでいる。アイディアがどんどん出てくる。封筒の宛名書き準備も、大分進んでいる。

憲法記念日前夜を闘いの山場にもって行こう。

〈○月×日〉

今日は、お得意先の社長さんや友人、知人二〇〇人に、マーフィー氏の本を送ったが、私の勝利は、もう絶対間違いないはずだ。

これで、潜在意識（神）が万能であることは、いずれみんなに知ってもらえるだろう。お得意先の社長さん達も、大分私の話を聞いてくれるようになった。

本当に、お客さんは有難いもんだ。私は偉くなって（有名になる）も、お客さんを絶対裏切っちゃならない。

〈○月×日〉

今日は、自民党の若手代議士Ｓ氏と、議員会館で一時間ばかり話し合ってきた。

彼が、私を呼んでくれたのは、彼個人の意向なのか、それとも、自民党の意向なのか。どっちだったんだろう。

まあ、話は物分れだったが、色々と参考になった。いよいよ、明日から連休にかけて、私の三つの裁判の出鱈目と、田中ロッキード裁判の出鱈目を、「あばいて」（数回にわたる大量の原稿発送）やろう。

さあ、ますます、おもしろくなっていく。

◎日本人総てが「官尊民卑」を求めている

各省の課長補佐には、「思想」（法解釈・行政運営）がある課長以上、政治家、上級裁判官ポストの全ては、個人の「利権ポスト」であって、思想は邪魔だ。明治以来、この「官僚支配」（課長補佐支配）の国家構造が、日本をして大きな発展と大きな誤りをおかしめているのだ

〈○月×日〉

今日は、古井裁判官訴追委員長から私宛に「裁判官の訴追はしない」との文書二通（一通は東京高裁長官、東京地裁所長等四名の訴追分、もう一通は最高裁判事十五名の訴追分）をよこしたが、なんの理由も書いちゃいない。これも、全くの出鱈目文書だ。

これで、「立法権」（国会・裁判官訴追委員会）と「司法権」（最高裁判所等）の癒着が、完全にはっきりした。残るは、「行政権」（内閣）の善幸（鈴木元総理）だが、善幸（行政）が、立法・司法とこれ以上に癒着していることだけは、絶対間違いない。

結局のところ、この日本は、行政権の「一権国家」（三権分立国家ではない）なんだ。


〈○月×日〉

今日は、憲法記念日だ。新聞に服部最高裁長官の談話が載っていたが、馬鹿馬鹿しくて話にならない。何が「法の支配」だ、何が「困難な問題」だ。

何も知らない一般国民からみれば、日本で一番信頼されている職務の人は、最高裁長官のはずだ。私自身、昔からそう思っていたのだ。

そうした信頼を「服部氏」（その後の最高裁長官の人も皆同じ）は全て裏切っているんだか

ら、日本はもうおしまいだ。

〈○月×日〉

さあ、これから続々と大量の文書発送だ。いよいよ、私一人による合法的な日本の革命だ。私の法律知識が、「第三次新生民主国家」（明治・敗戦後に引続く）の誕生につながるのだ。日本は、素晴らしい国になるぞ。

◎ 竹下元首相が田中元首相に勝った理由

田中元総理のような「信念型トップ」の人は、敵を生む

一方、「調整型トップ」の選択には、「末端」（一般国民・一般会員）の発展や幸福の為の思考が全くない。

調整型の人は、「気配り・目配り・金配り」（根回し）のみを「信念」とする人のことである。今、全ての日本人の心が「調整型天才」である竹下氏を総理に仕立てあげ、竹下が辞めた後も院政に基づき宇

〈○月×日〉

私の「大量文書発送」(一回が三百通以上のもの)は、今日の発送分で、既に十六回(合計五千通ちかくになる)にも及んでいる。田中角栄氏宛てへの手紙も、数十通に及んだ。

ところで、田中角栄氏は、ロッキード裁判に対する私の擁護論と私の裁判に対する協力要請に対し、何で、乗ってこなかったんだろう。

私の主張は、田中問題についても、阿部問題についても、全くの正論のはずだ。彼は、善か、悪か、いずれにしても、田中時代は、絶対に終らせねばならない。


〈○月×日〉

田中氏が実力があるのも、金権国民社会だからじゃあないか。

「金権亡者」(メンツを含む)でない国民は、果たして、今の日本にいるのか。私だって、一年前までは全くの金権亡者だったじゃないか。

しかし、彼は、実力者だが本当の指導者じゃない。ところで、今の日本に、本当の指導者は果たしているのか。

〈○月×日〉

田中氏の功績を、功績として認め上げるのは、全国民の義務のはずだ。彼の一番の問題は、本質的には「人」（正しい思想）に頭を下げることが出来ないところにあるのかもしれない。

（彼のもう一つの問題点は、竹下氏や金丸氏等、田中派の人達に対する「恩着せ心」が病気を呼び、自滅方向に追いやられたものと考えられます）

〈○月×日〉

田中派の大物E氏から、私宛に丁重な手紙が今日届いた。よし、もう一度、田中派の主だった人達にアプローチをしてみよう。

◎アメリカにも「自由」はない

日本に「真の自由」がないとした場合、アメリカにあるかと言えば、今日のアメリカにもない
但し、言えることは、日本かアメリカのいずれかの国から真の自由を発掘する以外、この地球上には、真の自由は全くないのだ

〈○月×日〉

ああ、とうとう改革はならずか。善幸（鈴木元総理）って男、本当にけしからん男だ。もう、だめか。いや、そうじゃない。日本がダメでも、アメリカがあるのだ。明日は、アメリカの関係機関に行ってみよう。

〈○月×日〉

今日は大分成果があった。アメリカ関係マスコミ大手11社の名簿がつかめたのは上々だった。これさえあれば、私の勝利は間違いないはずだ。

それにしても、アメリカ大使館を始めアメリカ関係機関の窓口すべてが、日本人であるのには驚いた。書類の受付け一つにしたって、日本人は日本人同士で閉鎖し合っているのだ。しかし、私が、英語が全く出来ないのには、弱ったもんだ。

〈○月×日〉

それにしても、私はこれだけ闘ったのに、どうして未だ勝てないのだろうか。「アメリカに協力依頼」（マンスフィールド駐日大使に英文での協力依頼、レーガン大統領への手紙依頼等、後日種々行なった）するにしても、そう生やさしいものじゃない。

何故、神は、私を完全勝利者にしてくれないのだろうか。

角栄や善幸や裁判官や野党やマスコミや有識者の人達が悪いから、私が勝てないのだろうか。いや、そうじゃない。悪いのは、私一人のはずだ。私の考えが悪いから、神様は私に勝たせて下さらないのだ。

◎ 人を責めず、人を攻めよ

日本人の長所は、自からのメンツに基づく自信がない為に相手のメンツを考慮し、相手を徹底的にヤッツケないところにある。しかし、一方、この長所は「思想のごまかし」に通じ、「国」（全体）の立場の場合は国際的に大きく狂うのである

〈○月×日〉

私の考えの、どこが悪かったのだろうか。

そうだ、昨日までの私の考えの中に、鈴木総理大臣や服部最高裁長官を始めとする全ての当事者の人達や、私の周囲の人達に対する怒りや憎悪があったことだ。これが一番いけなかったんじゃないのか。

誰だって、自分が一番大切なんだ。私だってそうじゃないか。私の怒りは、結局のところ、国の為じゃなく、自分の為にやっているんじゃないか。誰をも一切非難できないはずだ。

日本の上層部の人達にしても、全て、苦労して成功した人達ばかりのはずだ。誰だって、自分の社会的地位を落としたくないのは当然じゃないか。相手を責めてはいけないのだ。責める相手は、自分だけでよいはずだ。

〈○月×日〉

そう言えば、私の心の中では、M恩師の「君がいくら頑張ったって日本国家はひっくりかえらない」や、U弁護士の「阿部さんの話だと裁判官を裁判するようだ」との冗談を始め、大先輩Y税理士の「つけ上がっちゃダメだが、小型坂本竜馬のようなことをしたって」、そして先輩T税理士の「君の為に言うが、精神科の病院に入院した方がいい」などの言葉に、強い反発と非難ばかりをしているじゃないか。

これらの人達にしたって、私の闘いの当初は、みんな好意的な協力をして下さった人達ばかりじゃなかったのか、結局、私の考えがいけなかったのだ。

◎ 私のプラスは世界のプラスだ

私達の人類史、世界史には、未だかって「思想」が「権力」（武力・金力・権威を基本とする強制力）に勝った試しはない。真の「民主主義革命」とは、「思想」が「権力」に勝つことである

〈○月×日〉

今回の私の闘いの動機は、百五十万円（日照権の補償金要求）の金銭欲からの出発だった。闘いの途中では、その考えが「強者側」（大企業・新宿区役所）にキズをつけることに発展し、次が「売名欲」（日照権問題での権威）に変わったのは間違いのないことである。

この一年間は、私の戦いの目的が「真理探究」に変ったことはこれもまた間違いない。もし、私の戦いの動機自体に間違いがないとすれば、私が勝てないはずは絶対にない。闘いの道は、未だ、いくらでもあるはずだ。

〈○月×日〉

神様は、無限者であり、絶対だ。人間は神様の子供だから、人間の思考も、無限のはずだ。

従って、私の思考も無限に広がるに違いない。

〈○月×日〉

この「宇宙の世界」（私達の人間社会）は、神の世界だ。全ての人達は、神なのだ。私も神なら、相手も神なのだ。この考えは、決して忘れちゃいけない。

〈○月×日〉

この社会の全ての事柄は、神（神の意思と人間の内面の心）がおつくりになられるのだ。自然現象も、社会現象も、全ては精神作用の現われなのだ。

〈○月×日〉

私は、全ての問題に対し正しく考え、正しい感情をもち、正しく信じ、正しく想像する人間になるよう努力しよう。

これは、私自身の為であるが、それと同時に、全ての日本人と全人類の為にも、必らずなるはずだ。神様、超神様、日本の国家革命よろしくお願いします。

これは、世界の為のものであり、宇宙の為のものであり、あなた御自身の為のものであります。マーフィーさん、エマーソンさん、本当に有難うございます。

以上第一章から本章迄の記述は、私の昭和五十五年九月から昭和五十七八月迄の二年間の闘争日記です。

私は、その後、私の得意先の具体的税務問題で四件（一件は私の実質勝利、残り三件は手続きは終了していますが、国側が誤っている以上、私としては未処理中と考えています）大蔵省・国税庁の「違法課税」問題および、官僚の総本山である大蔵省に全面的に闘いを挑みました。

日本の中枢は、表に現われない大蔵省とマスコミ機関が担っています。私は、今、「現に」（平成元年九月現在）あるマスコミ機関と裁判中であり、公正取引委員会にもこの問題処理を請願中ですので、ここでは具体的記述は控えます。

但し、昭和五十七年九月以降、今日迄の「日本国家」との闘いの基本的相手は、大蔵省とマスコミ機関であったことを御理解戴ければ有難いです。

「あとがき」──「全知の神」に再建を託して

本書を手に取って下さり、有難うございました。

本書は、平成元年に自費出版した『人間界一人ぼっち』（こうふく社刊）の一部を加除訂正し再発行したものですが、私が何故、十八年も経過した今になって、このような方法で前著を再発行する気になったのでしょうか。

それは、その後の十八年間の日本社会や地球社会が、甚だしい「嘘と弱者いじめ」（格差拡大）の日本社会や地球社会を形成してしまっており、このまま日本や地球全体が続行すれば、早晩、「私達自身」（人類全体）が滅亡してしまうと、大きく恐れてきたからです。

この「歪み」をどうすれば打開することが出来るのか。私達は、どうすれば、己れを律しながら日々快活に、幸福に過ごすことが出来るのでしょうか。

人は、明日に希望を持ち、今日「やること」があれば、快活に、幸福に過ごせるはずですが、そう単純にはいかない突発的事件や事故や病気やカネ不足等の難題やトラブル等に巻き込まれたり、「孤独」に陥ったりするため、現実には、「悩み多き人生」を自分自身で呼び込んでしまっております。

人の幸不幸は、その人以外に決められませんが、一般的・本質的に言って、「不幸」とは何か。

それは「感謝」とは程遠い、自分の環境に「大きな不満」を持った状態のことです。もっと言うならば、私達が日々陥っている「悩み多き人生」、「不幸な人生」(不満の人生)は、私達自身の日々の悪い「姿勢」と、悪い「クセづけ」(習慣)が呼び込んでいることだけは、絶対に間違いありません。

この点に関して、イエス・キリストは「明日のことは思い煩うな」と、「偉大な真理」を掲げていますが、私達の日々は、この境地に少しでも近づかない限り、永久に「真の幸福」を掴むことが出来ないでしょう。

心の中で「希望」が、具体的かつ大きくなれば、私達の「悩み」は消えます。本書の読者の方を始め私達が、全員、希望が持てるようになるには、序列階級万能の「貴族嫉妬支配社会」から、他者を十分に認め合う「真の民主社会」に切り替える以外にありません。

それでは、私達は、どうすればこの法と民主主義を否定する歪んだ「日本社会」を、「法と愛と正義」が支配する「真の民主社会」(共生、共感、祝福社会)に、「正しく」(暴力や地球異変によらず)切り替えることが出来るのでしょうか。

それは、私達が日々、ついつい無自覚にとり入れている他者との関係における飾り、メンツ、嫉妬、嘘、ごまかし、シラケ、取り込み、被害者意識、疑心、恩着せ心、他人の欠点探し、恐怖等々の「悪いクセ」を選ばないようにすること。つまり、自ら「心を開いて」相手からも学び、共感し合う「真の協調的な対人関係」を選択することが、自己の再建と、自分が所属する家族や職場、日本社会全体の再建にとって絶対的に必要なのではないでしょうか。

本当に、私達人間という生き物は、「自分の悪いクセ」(自分勝手で卑怯で陰湿で強欲な人類気質) は、なかなか直せない生き物ですが、しかし、今日と明日の自分の欠点に気づかされた時には、それを正すチャンスが幾らでもあるのも事実です。

本書の読者の皆様には、明日以降、益々のすばらしい「気付き」が、どんどん増加することを願っております。そして、この一事こそ、私達が、「永遠の天国」に入れるパスポート、すなわち、人は、常時、解っていないダメな自分を自覚し、「自己に正直」に生きる以外、この世でも、あの世でも、「真の幸福」を掴むことは出来ないのではないでしょうか。

その、ダメな自分の上には、常時「全知の神」が私達を導いてくれています。私達が日々の問題処理等で、全託した「全知全能の神の威力」を肌で感じた時、それ以降の私達の日々の人生には、大いなる「気付き」や「活力」や「幸運」や「喜び」が、どんどん舞い込んでくるのではないでしょうか。

この世に、全知全能の神以上に「偉大なもの」はありません……ということを再び強調して筆をおきます。ありがとうございました。

平成十九年一月

阿部数利

活力を呼ぶ

人間界《にんげんかい》！　再建《さいけん》

阿部《あべ》数利《かずとし》

明窓出版

平成十九年三月六日初版発行
発行者 ―― 増本　利博
発行所 ―― 明窓出版株式会社
〒一六四―〇〇一二
東京都中野区本町六―二七―一三
電話　(〇三) 三三八〇―八三〇三
FAX　(〇三) 三三八〇―六四二四
振替　〇〇一六〇―一―一九二七六六
印刷所 ―― 株式会社　ダイトー
落丁・乱丁はお取り替えいたします。
定価はカバーに表示してあります。

ISBN978-4-89634-205-5

ホームページ http://meisou.com　Eメール meisou@meisou.com

宇宙心

～宇宙時代を幕開けた無名の聖者からのメッセージ～

鈴木美保子著　　　本体価格1.200円

愛しい惑星《ほし》、地球を何とか宇宙時代へとつなげるため、天の導きのままに二十余年の苦難の行脚《あんぎゃ》を続け、宇宙から神々しい光の柱を地球に降ろされた。新世紀の心「宇宙心」。

これは、二十代を求道《ぐどう》の世界放浪に費やした著者が、いま時代を乗り切る愛と勇気を世に問う真実の真心の物語りです。

『歯車の中の人々』

～教育と社会にもう一度夜明けを～

栗田哲也著　　　本体価格　1.400円（税別）

価値観なき時代を襲った資本主義の嵐！

その波をまともに喰らった教育の根深い闇……。歯車に組み込まれてあえいでいる人々へ贈るメッセージ。

もがけばもがくほど実現しない自己。狂奔すればするほど低下する学力。封印されたタブーを今こそ論じなければ、人々も教育も元気にはならない。それなのに何故かみな、これからの世界に暗いイメージを抱いている。

中略

要するに、誰もが競争し過ぎ、働き過ぎで疲れ切っているのだが、それでも「社会を変えていこう」という人にしても、いまだに「自民党政権を倒すには」とか、「市民運動を起こそう」とか、そのぐらいのところにしか考えが及ばないのである。

『単細胞的思考』

上野霄里《ショウリ》著　本体三六〇〇円

『単細胞的思考』の初版が世に出たのが昭和四四（一九六九）年、今年でちょうど三〇年目になる。以来数回の増刷がなされたが、今では日本中どこの古本屋を探してもおそらく見つかるまい。理由は簡単、これを手にした人が、生きている限り、それを手放さないからである。大切に、本書をまるで聖書のように読み返している人もいる。

この書物を読んで、人間そのものの存在価値に目醒めた人、永遠の意味に気づいた人、神の声を嗅ぎ分けることのできた人たちが、実際に多く存在していることを私が知ったのは、今から一〇年ほど前のことである。

衆多ある組織宗教が、真実に人間を救い得ないことを実感し、それらの宗教から離脱し、唯一個の人間として、宗教性のみを探求しなければならないという決意を、私が孤独と苦悩と悶絶の中で決心したのもその頃であった。これは、私の中で、すでにある程度予定されていたことなのかもしれない。——後略

中川和也論

男女平等への道

古舘　真　本体価格　一二〇〇円

これまで性差別に関しては、「男が加害者で、女が被害者」と言われてきた。しかし、私は男に生まれて得したと思った事は一度もない。恐らく、そのように思っている男性は、私以外にも大勢いるだろう。

私は欧米のフェミニズムに対しては高い評価をしている。しかし、日本でフェミニストと称している女性には似非フェミニストもいる。本来、フェミニズムの目的は男女平等であった筈だ。それが、損をした女性の愚痴や金儲けの手段、あるいは男性に対する復讐になっているような極端な例が見受けられる。女性の解放は目的から外れ、女性学自体が存在目的になってしまった例もある。

私は、女性の解放が男性の解放につながり、男性の解放が女性の解放につながると思っている。両方を同時に進めなければ意味がない。怖いおばさんが喚くだけでは、何の解決にもならない。